高职高专机电类专业"十三五"规划教材

校企合作共同开发教材

工业机器人应用技术(ABB)

主　编　谭　勇　马宇丽　李文斌

副主编　盛　军　曾　智　周　丽

　　　　肖雄亮　周　宇　毕艳茹

参　编　李　涛　李志伟

西安电子科技大学出版社

内 容 简 介

本书由基础篇、离线编程篇和现场编程篇组成。基础篇通过机器人的定义、分类、应用以及工业机器人的组成和技术参数的介绍，让读者对机器人及工业机器人有初步的认识。离线编程篇通过 ABB 工业机器人离线编程软件的安装及使用，让读者学会机器人工作站的布局、工装建模、离线编程、3D 工装模型的动态处理及机器人与其他设备的协同作业。现场编程篇通过对示教器的使用、重要参数(工具坐标系、工件坐标系、有效载荷数据)的创建与管理和程序设计基础的介绍，让读者学会如何进行现场编程。为了便于读者自学，本书内容安排力求理论联系实际、由浅入深、循序渐进。

本书可作为高职院校或技工院校机器人专业、机电专业或电气专业的教材，也适合作为机器人从业人员的岗位培训教材和自学参考书。

图书在版编目 (CIP) 数据

工业机器人应用技术：ABB / 谭勇，马宇丽，李文斌主编. —西安：西安电子科技大学出版社，2019.12
ISBN 978-7-5606-5420-1

Ⅰ. ① 工…　Ⅱ. ① 谭…　② 马…　③ 李…　Ⅲ. ① 工业机器人—高等职业教育—教材
Ⅳ. ① TP242.2

中国版本图书馆 CIP 数据核字(2019)第 160360 号

策划编辑　杨丕勇
责任编辑　张　玮
出版发行　西安电子科技大学出版社(西安市太白南路 2 号)
电　　话　(029)88242885　88201467　　　邮　　编　710071
网　　址　www.xduph.com　　　电子邮箱　xdupfxb001@163.com
经　　销　新华书店
印刷单位　陕西天意印务有限责任公司
版　　次　2019 年 12 月第 1 版　　2019 年 12 月第 1 次印刷
开　　本　787 毫米×1092 毫米　1/16　印　张　20
字　　数　475 千字
印　　数　1～3000 册
定　　价　48.00 元

ISBN 978-7-5606-5420-1 / TP

XDUP 5722001-1

如有印装问题可调换

前　言

工业机器人的出现是人类利用机械进行社会生产的历史上的一个里程碑。在发达国家，工业机器人自动化生产线成套设备已成为自动化装备的主流。在我国，汽车行业、电子行业、工程机械等行业已经大量使用工业机器人自动化生产线，以保证产品质量和提高生产效率。

根据国家"中国制造 2025"规划及行业转行升级对工业机器人应用人才的大量需求，本着"工学结合、项目驱动"的理念，我们开发了工业机器人应用技术项目化课程。根据工业机器人应用人员"操作型"—"应用型"—"维护型"的三阶段成长路径，立足于第二阶段所需要的岗位素养和能力，编者深入ABB 工业机器人上海总部、江苏博众精工等企业，通过观摩、调研、访谈企业高管和生产一线顶岗锻炼，与相关工程师及一线员工反复研讨，结合职业教育的职业性、教育性及企业的岗位工作需要，以解决企业一线工业机器人应用为出发点，提炼典型工作任务作为教学项目，编写了本书。

本书由基础篇、离线编程篇和现场编程篇组成。基础篇通过机器人的定义、分类、应用，以及工业机器人的组成和技术参数的介绍，让读者对机器人及工业机器人有初步的认识。离线编程篇通过 ABB 工业机器人离线编程软件的安装及使用，让读者学会机器人工作站的布局、工装建模、离线编程、3D 工装模型的动态处理及机器人与其他设备的协同作业。现场编程篇通过对示教器的使用、重要参数(工具坐标系、工件坐标系、有效载荷数据)的创建与管理和程序设计基础的介绍，让读者学会如何进行现场编程。

由于编者水平有限，书中难免存在不足之处，敬请读者指正。

编　者
2019 年 4 月

目 录

现 场 编 程 篇

基础篇

项目一 工业机器人及其应用技术概述

【项目描述】

从世界范围看，当前工业机器人已经广泛应用于生产、制造、服务等众多行业。近几年世界范围内销售量排名前三的工业机器人品牌分别是日本的安川机器人、瑞典的 ABB 机器人和德国的 KUKA 机器人(IFR(世界机器人联合会)统计数据)。中国自主品牌的工业机器人主要有沈阳新松的新松机器人和安徽埃夫特的奇瑞机器人等。

本项目将对机器人的分类、工业机器人的应用、工业机器人的基本组成及技术参数等方面的内容进行总体介绍。

【教学目标】

1. 技能目标

➤ 了解机器人的定义与分类；
➤ 了解工业机器人的应用；
➤ 掌握工业机器人的基本组成及技术参数。

2. 素养目标

➤ 具有发现问题、分析问题、解决问题的能力；
➤ 具有高度责任心和良好的团队合作能力；
➤ 培养良好的职业素养和一定的创新意识；
➤ 养成"认真负责、精检细修、文明生产、安全生产"等良好的职业道德。

【知识准备】

一、机器人及工业机器人的定义

1. 机器人(Robot)

机器人是自动执行工作的机器装置，它既可以接受人类指挥，又可以运行预先编排的程序，也可以根据人工智能技术制定的原则纲领行动。它的任务是协助或取代人类的工作，例如从事生产业、建筑业相关的工作或是危险的工作。

2. 工业机器人

工业机器人是面向工业领域的多关节机械手或多自由度的机器装置，它能自动执行工作，是靠自身动力和控制能力来实现各种功能的一种机器。它可以接受人类指挥，也可以按照预先编排的程序运行，现代的工业机器人还可以根据人工智能技术制定的原则纲领行动。

问题：图1-1中哪个是工业机器人？

图1-1　工业机器人的认识

二、机器人的分类

1. 按照应用类型分类

(1) 工业机器人：包括搬运、焊接、装配、喷漆、检查等机器人，主要用于现代化的工厂和柔性加工系统中，如图1-2所示。

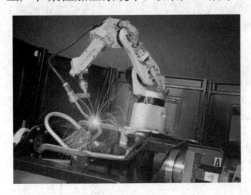

(a) 弧焊机器人　　　　　　　　　　(b) 汽车生产线上的点焊机器人

图1-2　工业机器人

(2) 特种机器人：主要是指在人们难以进入的核电站、海底、宇宙空间进行作业的机器人，主要有军事应用机器人、极限作业机器人和应急救援机器人三类，如图1-3所示。

(a) 排爆机器人　　　　　　(b) 蛟龙号载人潜水器　　　　　(c) 嫦娥三号

图 1-3　特种机器人

(3) 服务机器人：包括餐厅服务机器人、保姆机器人、弹奏乐器的机器人、舞蹈机器人、玩具机器人等，如图 1-4 所示。

(a) 宠物机器狗　　　　　　(b) 保姆机器人　　　　　(c) 餐厅服务机器人

图 1-4　服务机器人

2. 按照控制方式分类

(1) 操作机器人：典型代表是在核电站处理放射性物质时可以远距离进行操作的机器人。

(2) 程序机器人：其按预先给定的程序、条件、位置进行作业。目前大部分机器人都采用这种控制方式工作。

(3) 示教再现机器人：其同盒式磁带的录放一样，将所教的操作过程自动记录在磁盘、磁带等存储器中，当需要再现操作时，可重复所教过的动作过程。示教方法有手把手示教、有线示教和无线示教，如图 1-5 所示。

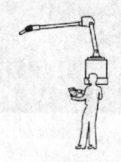

(a) 手把手示教　　　　　　(b) 有线示教　　　　　(c) 无线示教

图 1-5　机器人示教

(4) 智能机器人：其不仅可以进行预先设定的动作，还可以按照工作环境的变化改变动作。

(5) 综合机器人：由操作机器人、示教再现机器人、智能机器人组合而成的机器人，如玉兔号月球车。

三、工业机器人的应用

工业机器人最早应用于汽车制造工业，常用于焊接、喷漆、上下料和搬运。工业机器人延伸和扩大了人的手足和大脑功能，它可代替人从事危险、有害、有毒、低温和高热等恶劣环境中的工作；代替人完成繁重、单调的重复劳动，提高劳动生产率，保证产品质量。工业机器人与数据加工中心、自动搬运小车以及自动检测系统可组成柔性制造系统(FMS)和计算机集成制造系统(CIMS)，实现生产自动化。

1. 恶劣工作环境及危险工作

压铸车间及核工业等领域的作业是一种有害健康并可能危及生命，或不安全因素很大而不宜于人去从事的作业，此类工作由工业机器人做是最适合的。图 1-6 所示为核工业上沸腾水式反应堆(BWR)燃料自动交换机。

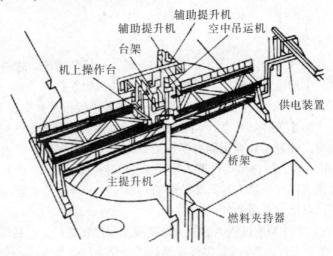

图 1-6　燃料自动交换机

燃料自动交换机的主要结构是由机上操作台、辅助提升机、台架、空中吊运机、主提升机、燃料夹持器等组成的，采用了计算机控制方式，可依据操作人员的运转指令，完成自动运转、半自动运转和手动自动运转模式下的燃料交换。这种交换机的使用不仅提高了效率，降低了对操作人员的辐射，而且由计算机控制的操作自动化可以提高作业的安全性。

2. 特殊作业场合和极限作业

火山探险、深海探密和空间探索等领域对于人类来说是力所不能及的，只有机器人才能进行作业。

如图 1-7 所示的航天飞机上用来回收卫星的操作臂 (Remote Manipulator System, RMS)，它由加拿大 SPAR 航天公司设计并制造，是世界上最大的关节式机器人。该操作臂额定载荷为 15 000 kg，最大载荷为 30 000 kg；末端操作器的最大速度空载时为 0.6 m/s，承载 15 000 kg

时为 0.06 m/s，承载 30 000 kg 时为 0.03 m/s；定位精度为±0.05 m。这些参数为在外层空间抓放飞行体时的参数。

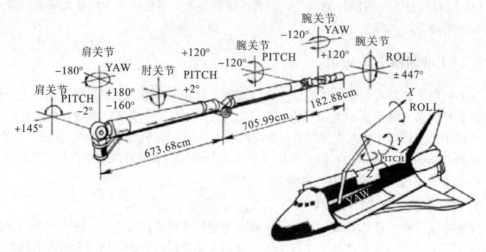

PITCH：倾斜度；YAW：偏航；ROLL：转动

图 1-7　航天飞机上的操作臂

3. 自动化生产领域

早期的工业机器人在生产上主要用于机床上下料、点焊和喷漆。随着柔性自动化的出现，机器人在自动化生产领域扮演了更重要角色。现举例如下：

(1) 焊接机器人。汽车制造厂已广泛应用焊接机器人进行承重大梁和车身结构的焊接。弧焊机器人需要 6 个自由度，其中 3 个自由度用来控制焊具跟随焊缝的空间轨迹，另外 3 个自由度保持焊具与工件表面具有正确的姿态关系，这样才能保证良好的焊缝质量。

(2) 材料搬运机器人。材料搬运机器人可用来上下料、码垛、卸货以及抓取零件定向等作业。一个简单抓放作业机器人只需要较少的自由度；一个给零件定向作业的机器人要求有更多的自由度，以增加其灵巧性。

(3) 检测机器人。零件制造过程中的检测以及成品检测都是保证产品质量的关键工序。检测机器人主要有两个工作内容：确定零件尺寸是否在允许的公差内；控制零件按质量分类。

(4) 装配机器人。装配是一个比较复杂的作业过程，不仅要检测装配作业过程中的误差，而且要试图纠正这种误差。因此，装配机器人上应用有许多传感器，如接触传感器、视觉传感器、接近传感器和听觉传感器等。

(5) 喷漆和喷涂机器人。一般在三维表面进行喷漆和喷涂作业时，至少要有 5 个自由度。由于可燃环境的存在，驱动装置必须防燃防爆。在大件上作业时，往往把机器人装在一个导轨上，以便行走。

四、工业机器人的基本组成

1. 基本组成

工业机器人由 3 大部分 6 个子系统组成。3 大部分是机械部分、传感部分和控制部分。

6 个子系统是驱动系统、机械结构系统、感受系统、机器人-环境交互系统、人机交互系统和控制系统，可用图 1-8 来表示。

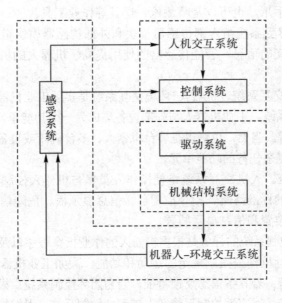

图 1-8 机器人系统组成

2. 6 个子系统的作用

(1) 驱动系统。要使机器人运行起来，需给各个关节即每个运动自由度安置传动装置，这就是驱动系统。驱动系统可以是液压传动、气动传动、电动传动，或者把它们结合起来应用的综合系统；可以是直接驱动或者通过同步带、链条、轮系、谐波齿轮等机械传动机构进行间接驱动。

(2) 机械结构系统。工业机器人的机械结构系统由基座、手臂、末端操作器三大件组成，如图 1-9 所示。每一大件都有若干自由度，构成一个多自由度的机械系统。若基座具

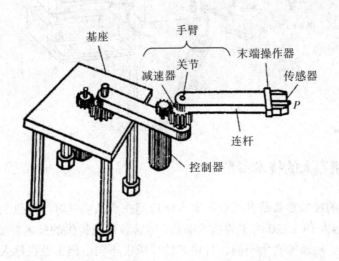

图 1-9 工业机器人的机械结构系统

备行走机构，则构成行走机器人；若基座不具备行走及腰转机构，则构成单机器人臂。手臂一般由上臂、下臂和手腕组成。末端操作器是直接装在手腕上的一个重要部件，它可以是二手指或多手指的手爪，也可以是喷漆枪、焊具等作业工具。

(3) 感受系统。感受系统由内部传感器模块和外部传感器模块组成，用以获得内部和外部环境状态中有意义的信息。智能传感器的使用提高了机器人的机动性、适应性和智能化的水准。

(4) 机器人-环境交互系统。机器人-环境交互系统是实现工业机器人与外部环境中的设备相互联系和协调的系统。工业机器人与外部设备集成为一个功能单元，如加工制造单元、焊接单元、装配单元等。当然，也可以是多台机器人、多台机床或设备、多个零件存储装置等集成为一个去执行复杂任务的功能单元。

(5) 人机交互系统。人机交互系统是使操作人员参与机器人控制并与机器人进行联系的装置，例如计算机的标准终端、指令控制台、信息显示板、危险信号报警器等。该系统分为两类：指令给定装置和信息显示装置。

(6) 控制系统。控制系统的任务是根据机器人的作业指令程序以及从传感器反馈回来的信号支配机器人的执行机构去完成规定的运动和功能。假如工业机器人不具备信息反馈特征，则为开环控制系统；若具备信息反馈特征，则为闭环控制系统。根据控制原理，控制系统可分为程序控制系统、适应性控制系统和人工智能控制系统。根据控制运动的形式，控制系统可分为点位控制和轨迹控制。

图 1-10 是三菱装配机器人系统的基本构成。该机器人由机器人主体、控制器、示教盒和 PC 等构成。可用示教的方式和用 PC 编程的方式来控制机器人的动作。

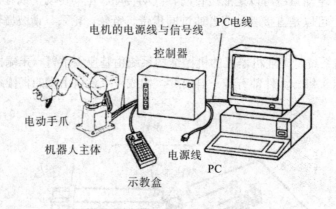

图 1-10　三菱装配机器人系统

五、工业机器人的技术参数

工业机器人的技术参数是各工业机器人制造商在产品供货时所提供的技术数据。表 1-1 为 ABB 工业机器人 IRB 120 的主要技术参数。尽管各厂商提供的技术参数不完全一样，工业机器人的结构、用途等有所不同，且用户的要求也不同，但工业机器人的主要技术参数一般有自由度、重复定位精度、工作范围、最大工作速度和承载能力等。

表 1-1　ABB 工业机器人 IRB 120 的主要技术参数

型号	IRB 120-3/0.6	工作范围	580 mm	有效荷重	3 kg
性　能					
1 kg 拾料节拍 25 mm × 300 mm × 25 mm TCP 最大速度	 0.58 s 6.2 m/s	TCP 最大加速度 加速时间 0～1 m/s	28 m/s² 0.07 s		
特　性					
集成信号源 集成气源 重复定位精度	手腕设 10 路信号 手腕设 4 路空气(5 bar) 0.01 mm	机器人安装 防护等级 控制器	任意角度 IP 30 IRC5 紧凑型/IRC5 单柜型		
运　动					
轴运动		工作范围		最大速度	
轴 1 旋转		+165°～−165°		250°/s	
轴 2 手臂		+110°～−110°		250°/s	
轴 3 手臂		+70°～−90°		250°/s	
轴 4 手腕		+160°～−160°		320°/s	
轴 5 弯曲		+120°～−120°		320°/s	
轴 6 翻转		+400°～−400°		420°/s	

1. 自由度(Degrees of Freedom)

自由度是指机器人所具有的独立坐标轴运动的数目，不包括手爪(末端操作器)的开合自由度。在三维空间中描述一个物体的位置和姿态(简称位姿)需要 6 个自由度。但是，工业机器人的自由度是根据其用途而设计的，可能小于 6 个自由度，也可能大于 6 个自由度。例如，A4020 装配机器人具有 4 个自由度；可以在印刷电路板上接插电子器件；ABB IRB 120 工业机器人具有 6 个自由度，如图 1-11 所示，可以进行复杂空间作业。从运动学的观点看，在完成某一特定作业时具有多余自由度的机器人，就叫做冗余自由度机器人。例如，ABB IRB 120 机器人去执行印刷电路板上接插电子器件的作业时就成为冗余自由度机器人。利用冗余自由度可以增加机器人的灵活性、躲避障碍物和改善动力性能。人的手臂(大臂、小臂、手腕)共有 7 个自由度，所以工作起来很灵巧，手部可回避障碍物从不同方向到达同一个目的点。

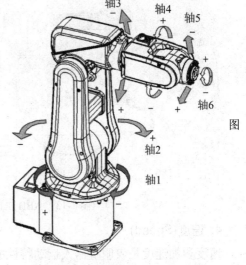

图 1-11　ABB IRB 120 工业机器人

2. 精度(Accuracy)

工业机器人精度是指定位精度和重复定位精度。定位精度是指机器人手部实际到达位置与目标位置之间的差异。重复定位精度是指机器人重复定位其手部于同一目标位置的能力，可以用标准偏差这个统计量来表示，用于衡量一列误差值的密集度(即重复度)，如图 1-12 所示。

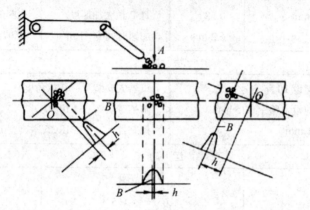

(a) 定位精度合理，　(b) 定位精度良好，　(c) 定位精度很差，
重复定位精度良好　重复定位精度很差　重复定位精度良好

图 1-12　工业机器人定位精度和重复定位精度的典型情况

3. 工作范围(Work Space)

工作范围是指机器人手臂末端或手腕中心所能到达的所有点的集合，也叫工作区域。末端操作器的尺寸和形状是多种多样的，为了真实反映机器人的特征参数，这里是指不安装末端操作器时的工作区域。工作范围的形状和大小是十分重要的，机器人在执行作业时可能会因为存在手部不能到达的作业死区(Dead Zone)而不能完成任务。图 1-13 为 ABB IRB 120 机器人的工作范围。

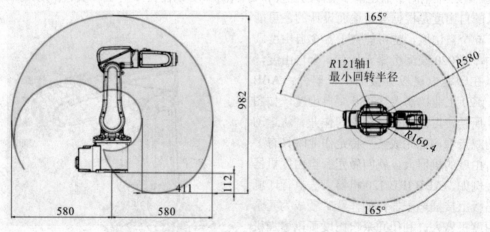

图 1-13　ABB IRB 120 机器人的工作范围

4. 速度(Speed)

速度和加速度是表明机器人运动特性的主要指标。说明书中通常提供了主要运动自由度的最大稳定速度，但在实际应用中单纯考虑最大稳定速度是不够的。这是因为驱动器输

出功率的限制，从启动到达最大稳定速度或从最大稳定速度到停止，都需要一定时间。如果最大稳定速度高，允许的极限加速度小，则加减速的时间就会长一些，对应用而言的有效速度就要低一些；反之，如果最大稳定速度低，允许的极限加速度大，则加减速的时间就会短一些，这有利于有效速度的提高。但如果加速或减速过快，有可能引起定位时超调或振荡加剧，使得到达目标位置后需要等待振荡衰减的时间增加，则反而可能使有效速度降低。所以，考虑机器人运动特性时，除注意最大稳定速度外，还应注意其最大允许的加减速度。

5. 承载能力(Payload)

承载能力是指机器人在工作范围内的任何位姿上所能承受的最大质量。承载能力不仅指负载的重量，而且还包括机器人末端操作器的质量。它与机器人运行的速度和加速度的大小及方向有关。为了安全起见，承载能力这一技术指标是指高速运行时的承载能力。

【项目实施】

当前，绝大多数工业机器人都属于示教再现机器人，一般包含机器人本体、控制器(柜)和示教器等三个重要的部件。

一、认识机器人本体

以 ABB IRB 120 工业机器人为例，它是一种串联型六自由度的机器人，如图 1-14 所示。机器人本体包括 6 个轴，其中第 1 轴与底座相连，可水平旋转；第 6 轴上安装有法兰盘，与机器人工具进行连接。

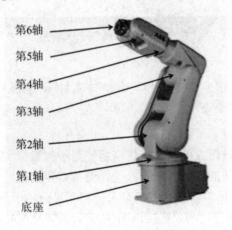

图 1-14　ABB IRB 120 工业机器人本体

二、认识控制柜

以 ABB IRC5 控制柜为为例，当前市面上的 ABB IRC5 控制柜可以分为集成块式、紧凑式、一体式和分体式 4 种。但无论哪种 IRC5 控制柜都包含控制和驱动两个模块。控制模块包含所有的电子控制装置，例如主机、I/O 电路板和闪存，并可嵌入控制软件；而驱动模块包含为机器人电机供电的所有电源电子设备。

接下来以紧凑式 IRC5 控制柜为例，介绍控制柜上的常规按钮和端口。

(1) 常规按钮(或开关)，包括：用于进行系统开关机的电源开关、用于进行手动/自动切换的切换开关、用于进行机器人电机启动的按钮、用于在紧急情况下进行急停操作的按钮、用于释放机器人各关节的制动闸释放按钮，如图 1-15 所示。

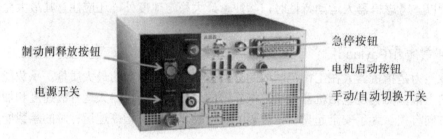

图 1-15　紧凑式 IRC5 控制柜的常规按钮(或开关)

(2) 常规端口(或接口)，包括：用于为机器人本体供电的动力线接口、用于监控机器人本体电机状态的信号线接口、用于连接示教器的线缆接口、用于进行机器人 I/O 信号通信的线缆接口、用于为控制柜供电的系统电源线接口，如图 1-16 所示。

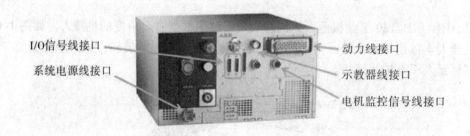

图 1-16　紧凑式 IRC5 控制柜的常规端口(或接口)

三、认识示教器

在现场编程条件下，机器人的运动操作需要使用示教器来实现，对示教器的绝大多数操作都是在其触摸屏上完成的，同时示教器也保留了必要的按钮与操作装置。

从正面看，ABB IRC5 示教器包含了带有人机交互界面用于参数设置及编程操作的"触摸屏"、用于与控制柜进行连接的"连接电缆(或称示教器电缆)"、用于摆放示教器的"卡座"、用于控制系统紧急停止的"急停开关"、用于设置 I/O 端子状态的"快捷功能键"、用于选择机器人型号的"机器人选型切换按钮"、用于进行线性运行和重定位运动切换的"运动模式切换按钮"、用于手动操纵机器人的"操纵杆"、用于在单轴运动模式下进行切换的"1-3 轴/4-6 轴切换按钮"、用于进行机器人速度控制的"增量设置按钮"，以及用于机器人程序调试的"功能键"，如图 1-17 所示。

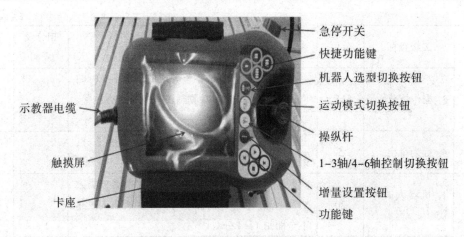

图 1-17　IRC5 示教器正面布局

　　如果将示教器翻转过来，则可以从 IRC5 示教器反面看到用于与机器人控制柜连接用的"示教器连接电缆"、在触摸屏上使用的笔与笔槽、用于数据备份与还原的"USB 接口"、用于示教器在手持状态下使用的"绑绳"、用于控制机器人系统启停的"使能器按钮"、用于恢复出厂设置的"示教器复位按钮"等，如图 1-18 所示。

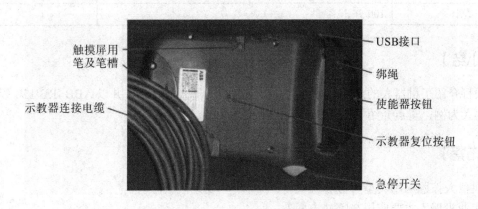

图 1-18　IRC5 示教器背面布局

【考核与评价】

项目一　训练评分标准

一级指标	二级指标	分值	扣分点及扣分标准	扣分及原因	得分
训练过程（%）	1. 学习纪律	5	迟到早退一次扣 1 分；旷课一次扣 2 分；上课时间未按规定上交手机、讲小话、睡觉一次扣 1 分		
	2. 团队精神	5	不参加团队讨论一次扣 1 分；不接受团队任务安排一次扣 2 分；不配合其他成员完成团队任务一次扣 2 分		

一级指标	二级指标	分值	扣分点及扣分标准	扣分及原因	得分
训练过程(%)	3. 操作规范	15	操作中，工具摆放不整齐或使用后不及时归位，一次扣 3 分；各种物料没按规定分类放置，一次扣 3 分；不遵守安全规范，一次扣 10 分		
	4. 行为举止	5	随地乱吐、乱涂、乱扔垃圾等，一次扣 2 分；语言不文明一次扣 1 分		
训练结果(%)	1. 机器人的分类	20	列举 3 种不同类型的机器人，说明其分类方式及特点，少列一种扣 5 分，单类机器人表述不全面扣 1～4 分		
	2. 工业机器人的行业应用	20	列举 5 种工业机器人的行业应用，少列一种扣 4 分，单类应用表述不全面扣 1～3 分		
	3. 6 轴工业机器人的组成	30	以 ABB IRB 120 机器人为例，说明 6 轴工业机器人的组成，少列一种部件扣 10 分，单种部件说明不充分扣 1～9 分		
总计		100 分			

【项目小结】

本项目介绍了机器人的定义及分类，分析了工业机器人的应用，并以 ABB IRB 120 型工业机器人为例，重点介绍了工业机器人的结构与功能。

【作业布置】

1. 机器人按照应用类型可分哪几类？
2. 工业机器人主要应用在哪些方面？
3. 工业机器人由哪几部分组成？
4. 工业机器人的主要技术参数有哪些？

离线编程篇

项目二　工业机器人离线编程

概述及软件安装

【项目描述】

现阶段，工业机器人编程可分为离线编程和现场编程两种方式。其中，现场编程是指在示教器上借助其内置软件，完成用于机器人参数设置和运动轨迹、动作节拍等逻辑控制的编程方式。编写后的程序直接写入机器人控制柜，控制柜再将程序编译成用于驱动机器人本体的机器指令。离线编程是指借助安装在 PC 上经授权的官方离线编程软件或第三方编程软件，完成机器人程序编写的编程方式。在 PC 与机器人控制柜建立了通信后，才能将 PC 上的离线程序写入控制柜，最后由控制柜转换为驱动机器人本体的机器指令。

本项目将以 ABB 公司的官方离线编程软件(RobotStudio, RS)为例，对工业机器人离线编程软件的安装方法、授权激活以及软件功能进行介绍，确保后续项目学习的顺利进行。

【教学目标】

1. 技能目标

➤　理解工业机器人现场编程和离线编程方式的异同；

➤　学会安装和激活工业机器人离线编程软件；

➤　了解离线编程软件的基本布局与控制功能。

2. 素养目标

➤　具有发现问题、分析问题、解决问题的能力；

➤　具有高度责任心和良好的团队合作能力；

➤　培养良好的职业素养和一定的创新意识；

➤　养成"认真负责、精检细修、文明生产、安全生产"等良好的职业道德。

【知识准备】

一、离线编程软件

当前,主流品牌的工业机器人制造企业均提供了各自品牌机器人专用的离线编程软件。例如：Fanuc 机器人所使用的 RobotGuide 软件，ABB 机器人所使用的 RobotStudio 软件,

KUKA 机器人所使用的 KUKA.Sim pro 软件等。此外，第三方机器人离线编程软件也已经出现。例如：美国 CNC Software Inc.公司就在其经典的 MasterCam 数控机床编程软件中以插件形式增加了由 In-House Solutions 公司开发的 RobotMaster 软件。RobotMaster 软件可对 Motoman、Fanuc、ABB、KUKA 和 Staubli 等多个品牌的工业机器人进行离线编程。

二、离线编程软件安装注意事项(以 RobotStudio 软件为例)

(1) ABB 官网(下载)：https://new.abb.com/products/robotics/robotstudio；

(2) 计算机的配置要求较高，建议配置 CPU i3 以上、运行内存 2GB 以上、硬盘空间 20GB 以上、Windows 7 以上的系统；

(3) 在第一次正确安装 RobotStudio 软件后，软件将提供 30 天的全功能高级版免费试用，30 天后，如果还未进行授权操作，则只能使用基本版功能；

(4) 如果已经从 ABB 获得 RobotStudio 的授权许可，则可以通过以下几种方式激活软件。单机许可证只能激活一台计算机的 RobotStudio 软件，而网络许可证可在一个局域网内建立一台网络许可证服务器，给局域网内的 RobotStudio 客户端进行授权许可。需要注意的是，如果计算机系统出现问题重新安装 RobotStudio 软件，将会造成授权失效。

【项目实施】

一、下载 RobotStudio 软件

(1) 登录网址：https://new.abb.com/products/robotics/robotstudio，如图 2-1 所示。

(2) 单击"Downloads"进入 RobotStudio 软件下载地址，如图 2-1 所示。

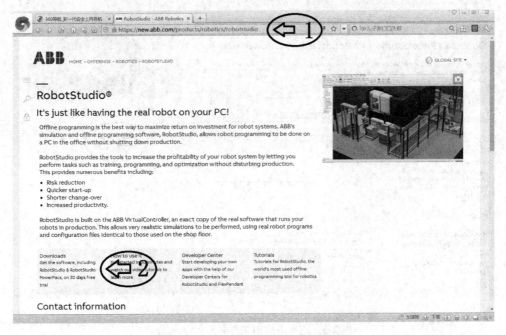

图 2-1　RobotStudio 软件下载地址

(3) 单击下载链接后进行下载，如图 2-2 所示。

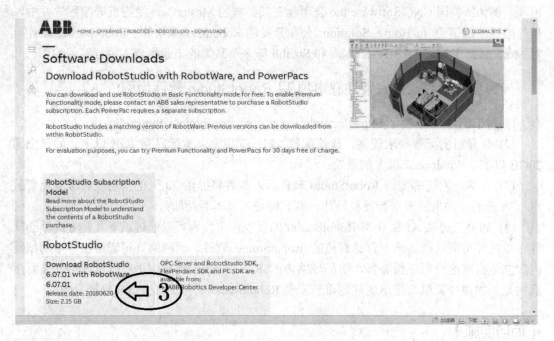

图 2-2　RobotStudio 软件下载链接

(4) 选择下载的文件名及保存位置，如图 2-3 所示。

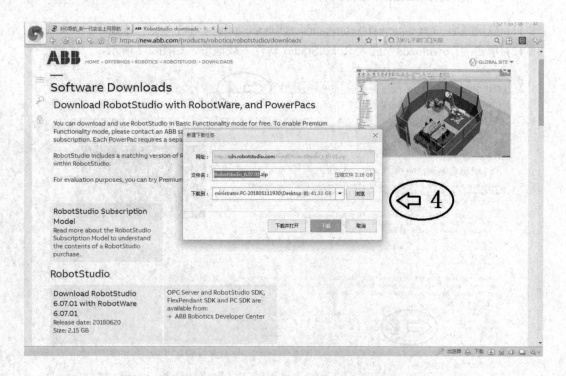

图 2-3　选择下载的文件名及保存位置

二、安装 RobotStudio 软件

(1) 单击打开文件夹"RobotStudio",如图 2-4(a)所示。

(2) 双击运行安装文件"setup.exe",如图 2-4(b)所示,等待软件安装完毕。

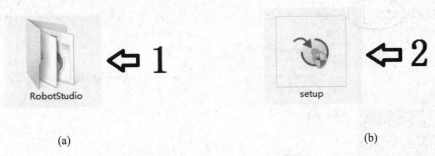

(a)   (b)

图 2-4　RobotStudio 软件的安装文件

三、查看 RobotStudio 软件的授权

当软件安装完毕后,即可启动 RobotStudio 软件,查看软件的授权许可日期,如图 2-5 所示,操作步骤如下:

(1) 进入软件主界面后,选择"基本"功能选项卡。

(2) "输出"处显示授权的有效日期,在无授权情况下,默认授权日期为 30 天。

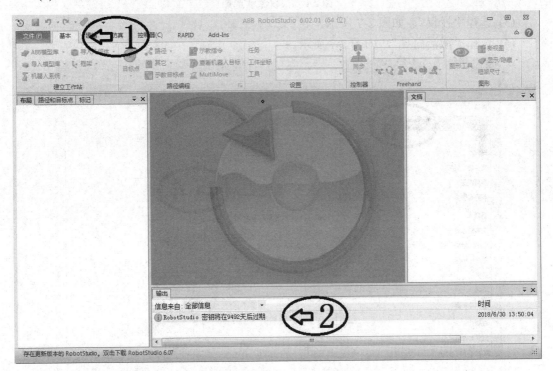

图 2-5　查看授权许可日期

四、激活授权的操作

(1) 选择"文件"功能选择卡，如图 2-6 所示。

(2) 选择"选项"，如图 2-6 所示。

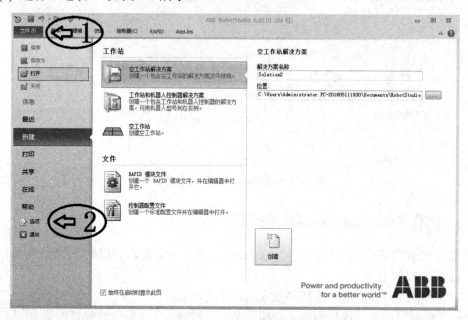

图 2-6　授权激活选择

(3) 选择"授权"，如图 2-7 所示。

(4) 选择"激活向导"，如图 2-7 所示。

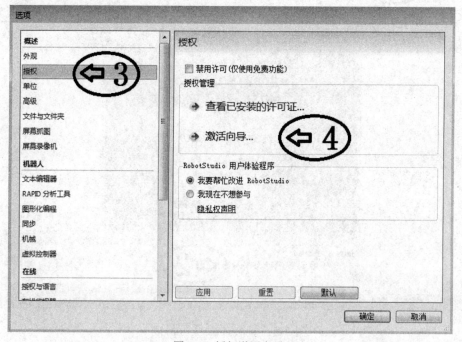

图 2-7　授权激活向导

（5）选择"单机许可证"或"网络许可证"，如图2-8所示。

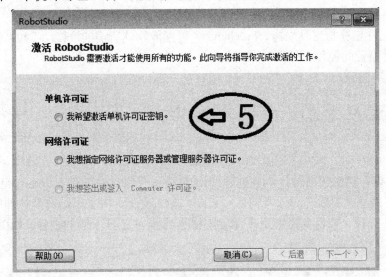

图2-8 授权类型

五、认识 RobotStudio 软件界面

（1）"文件"功能选项卡：包含新建工作站、保存工作站、查看或打开最新编辑的工作站，打印活动窗口的内容、共享(创建含虚拟控制器的活动工作站包及解包)、在线(连接到控制器)和 RobotStudio 选项，如图2-9所示。

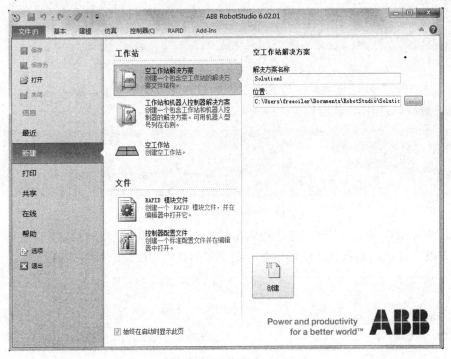

图2-9 "文件"功能选项卡

(2) "基本"功能选项卡：包含搭建工作站(ABB 模型库、导入模型库、创建机器人系统、导入几何体等)、路径编程(创建目标点、路径，或通过"其它"创建工件坐标及工具数据)、设置工件坐标与工具坐标、Freehand 中用摆放物体所需的"移动"和"旋转"控件、图形显示相关设置的控件，如图 2-10 所示。

图 2-10　"基本"功能选项卡

(3) "建模"功能选项卡：包含创建(用于创建组件组、空部件、Smart 组件、框架、标记、固体、表面、曲线和导入几何体)、CAD 操作(交叉、减去、结合及拉伸等操作)、测量(测量尺寸、角度、直径和最矩距离)和创建机械装置或工具所需的控件，如图 2-11 所示。

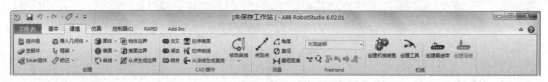

图 2-11　"建模"功能选项卡

(4) "仿真"功能选项卡：包含创建碰撞监控、仿真配置、仿真控制、监控、信号分析器和录制仿真短片所需的控件，如图 2-12 所示。

图 2-12　"仿真"功能选项卡

(5) "控制器"功能选项卡：包含添加控制器、进入权限设置、控制器工具、配置编辑器、虚拟控制器操作、传送相关的控制，如图 2-13 所示。

图 2-13　"控制器"功能选项卡

(6) "RAPID"功能选项卡：包含进入写权限设置、同步(工作站与 RAPID 之间的数据上传与下载)、插入、查找、控制器设置、测试和调试相关控件，如图 2-14 所示。

图 2-14　"RAPID"功能选项卡

(7) "Add-Ins"功能选项卡：包含 RobotApps(RobotWare 及相关插件下载)、RobotWare

管理、齿轮箱热量预测相关控件，如图 2-15 所示。

图 2-15　"Add-Ins"功能选项卡

六、恢复默认 RobotStudio 软件界面的操作

刚开始操作软件时，常常会遇到操作窗口被意外关闭的情况，从而无法找到对应的操作对象和查看相关的信息，如图 2-16 所示。

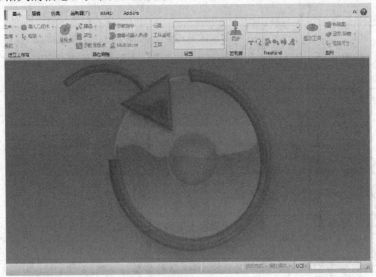

图 2-16　操作窗口被意外关闭的情况

此时，可进行如图 2-17 所示的操作，恢复默认界面。

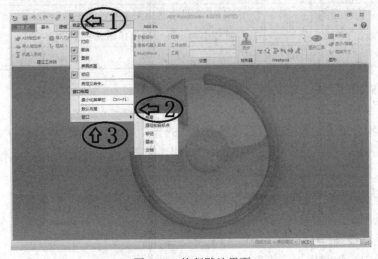

图 2-17　恢复默认界面

(1) 单击"自定义"下拉菜单；

(2) 选择"默认布局"；

(3) 也可选择"窗口"，在需要打开的窗口上打勾。

【考核与评价】

项目二　训练评分标准

一级指标	二级指标	分值	扣分点及扣分标准	扣分及原因	得分
训练过程(%)	1. 学习纪律	5	迟到早退一次扣1分；旷课一次扣2分；上课时间未按规定上交手机、讲小话、睡觉一次扣1分		
	2. 团队精神	5	不参加团队讨论一次扣1分；不接受团队任务安排一次扣2分；不配合其他成员完成团队任务一次扣2分		
	3. 操作规范	15	操作中，工具摆放不整齐或使用后不及时归位，一次扣3分；各种物料没按规定分类放置，一次扣3分；不遵守安全规范一次扣10分		
	4. 行为举止	5	随地乱吐、乱涂、乱扔垃圾等，一次扣2分；语言不文明一次扣1分		
训练结果(%)	1. 机器人编程方式	20	说明机器人现场编程与离线编程的异同，表述不全面扣1~10分		
	2. RS 软件安装与授权激活	20	独立完成RS软件安装包下载、安装和授权激活操作，缺少一项操作扣10分，操作过程中每出现一次操作错误扣2分		
	3. RS 软件基本布局及控件功能	30	识别RS软件内常用菜单及各类工具选项，操作过程中每出现一次操作错误扣2分		
总计		100分			

【项目小结】

本项目初步介绍了工业机器人两种编程方式的异同，说明了离线编程软件下载、安装以及授权激活的方法，并重点介绍了 RobotStudio 软件中常用菜单及控件的功能和使用方法。

【作业布置】

1. 什么是现场编程？

2. 什么是离线编程？

3. 举例说出三种常用工业机器人离线编程软件。

项目三 机器人工作站的基本 3D 仿真

【项目描述】

在当前的行业应用中，通常采用机器人工作站形式利用工业机器人进行产品生产。因为机器人工作站是一种将工业机器人及其外围设备按特定工艺或工序集成为可完成特定功能的非标准化的自动化设备，所以其研发周期一般需要经历"方案设计—试制样机—方案优化—改版样机—定型"等多个阶段，导致资金投入和时间成本均较高。如果将机器人工作站建设方案的设计与优化工作通过 3D 仿真方式完成，则可大幅度降低研发成本，节省研发时间。

本项目将以建立一个简单的 3D 仿真工作站为任务载体，练习使用 RS 软件进行布局工作站、建立工业机器人系统、手动操纵机器人、创建工件坐标、编辑轨迹程序、仿真运行机器人和录制视频等操作。

【教学目标】

1. 技能目标

- ➢ 掌握加载工业机器人、工具及周边模型的方法；
- ➢ 学会工业机器人工作站的合理布局方法；
- ➢ 学会建立工业机器人系统；
- ➢ 学会工业机器人的手动操纵方法；
- ➢ 学会建立工业机器人工件坐标；
- ➢ 学会创建和编辑工业机器人运行轨迹程序；
- ➢ 学会仿真运行工业机器人程序及录制成视频的方法。

2. 素养目标

- ➢ 具有发现问题、分析问题、解决问题的能力；
- ➢ 具有高度责任心和良好的团队合作能力；
- ➢ 培养良好的职业素养和一定的创新意识；
- ➢ 养成"认真负责、精检细修、文明生产、安全生产"等良好的职业道德。

【知识准备】

建立工业机器人工作站的一般方法与步骤

(1) 布局机器人工作站。任何机器人工作站至少应该包含工业机器人及工作对象两个组成部分。如图 3-1 所示为 RS 软件中一个简单的工业机器人工作站。图中，两条白色线圈的中间区域为该型工业机器人的有效工作空间，建立机器人工作站时，工作对象必须放入此区域内。

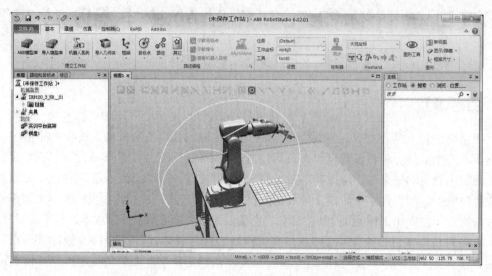

图 3-1　一个简单的工业机器人工作站

(2) 建立机器人系统。在 RS 软件中完成了工作站布局以后，要为工业机器人加载系统，建立虚拟的控制器，使其具有电气特性来完成相关的仿真操作。

(3) 调整机器人位置。如果在建立工业机器人系统以后，发现机器人的摆放位置并不合适，还需要进行调整，就要在 RS 软件中移动机器人的位置，并重新确认机器人在整个工作站中的坐标位置。

(4) 选择手动操纵方式。机器人的运动轨迹是由多个路径目标点构成的，手动操纵机器人运动到指定目标点后，才能进行位置数据的示教保存。手动操纵共有三种模式：关节运动、线性运动和重定位运动。

(5) 设定机器人坐标系。机器人坐标系主要有大地坐标系、用户坐标系、工具坐标系和工件坐标系等。其中工具坐标系主要用于进行机器人工具 TCP 的标定，工件坐标系主要用于对机器人所需加工对象的标定。与真实的机器人一样，在 RS 软件中也需要相关坐标系进行定义。

(6) 编写运动轨迹程序。生产过程中，机器人工作站一般采用自动运行模式，但调试阶段需要设计与开发运动轨迹程序。与真实的机器人一样，在 RS 软件中工业机器人运动轨迹也是通过 RAPID 程序指令进行控制的，规划的运动轨迹程序，可以在 RS 中进行轨迹仿真，也可以下载到真实机器人中进行运行。

(7) 执行"同步到 VC"。在 RS 软件中，为保证虚拟控制器中的数据与真实的机器人工作站数据一致，需要将虚拟控制器与工作站数据进行同步。当在工作站中修改数据后，需要执行"同步到 VC"；反之则需要执行"同步到工作站"。

(8) 录制视频。机器人工作站建立后，可以录制运动视频，以便在没有安装 RS 的计算机中查看工业机器人的运行；也可以将工作站制作成 .exe 可执行文件，以便进行更灵活的工作站查看。

(9) 文件保存注意事项。为了提高与各种版本 RS 的兼容性，建议在 RS 中进行任何保存的操作时，保存的路径和文件名称最好使用英文字符。

【项目实施】

一、建立工业机器人工作站

1. 导入机器人模型

(1) 在"文件"功能选项卡中选中"新建"，创建一个新的工作站，如图 3-2 所示。

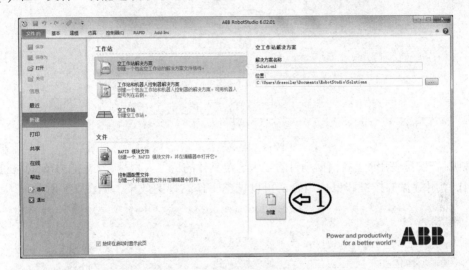

图 3-2 新建空工作站

(2) 在"基本"功能选项卡中打开"ABB 模型库"，选择"IRB 120"如图 3-3 所示。

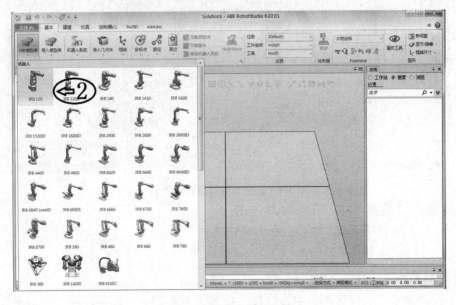

图 3-3 机器人型号选择

(3) 在输出框中选择工业机器人的版本，然后点击"确定"按钮，如图 3-4 所示。

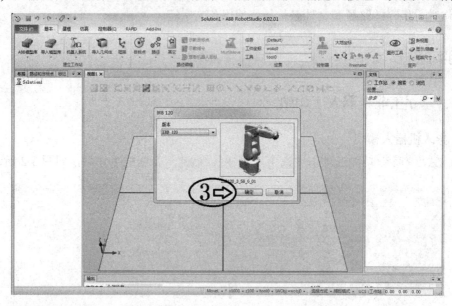

图 3-4　确定机型版本

说明：在实际使用时，要根据项目的要求选定具体的机器人型号、承重能力及到达的距离。

(4) 使用键盘的按键和鼠标组合，可以调整工作站视图效果，如图 3-5 所示。

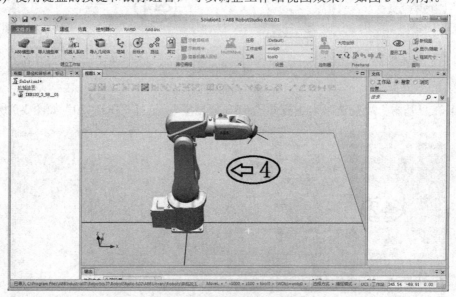

图 3-5　选型后工作站视图效果

快捷键：① 视图平移，Ctrl + 鼠标左键；

　　　　② 视图缩放，滚动鼠标中间轮；

　　　　③ 视角切换，Ctrl + Shift + 鼠标左键。

2. 加载机器人工具

(1) 在"基本"功能选项卡中，打开"导入模型库"—"设备"—"myTool"，如图

3-6 所示。

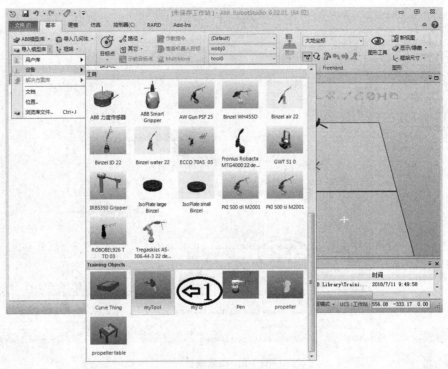

图 3-6　导入模型库选择工具

(2) 在 "MyTool" 选项上按住鼠标左键，向上拖到 "IRB120_3_58_01" 后，再松开鼠标左键，如图 3-7 所示。

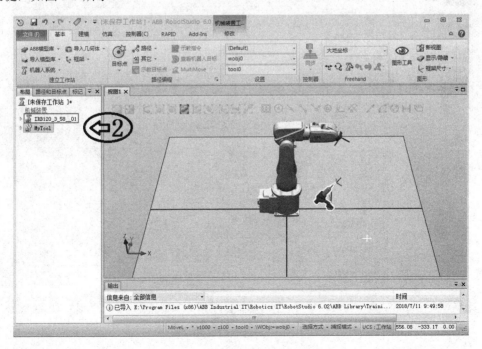

图 3-7　加载工具到机器人本体

(3) 提示确认是否更新"MyTool"位置，确认点击"是"按钮，如图 3-8 所示。

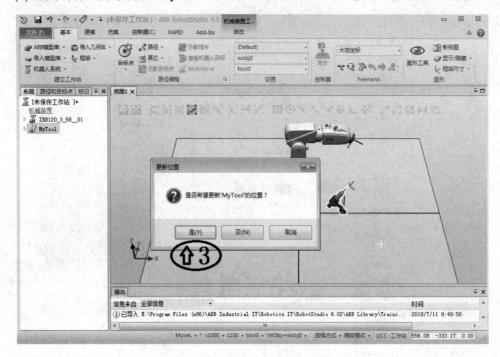

图 3-8　加载确认

(4) 将焊枪 MyTool 安装在法兰盘上面，效果如图 3-9 所示。

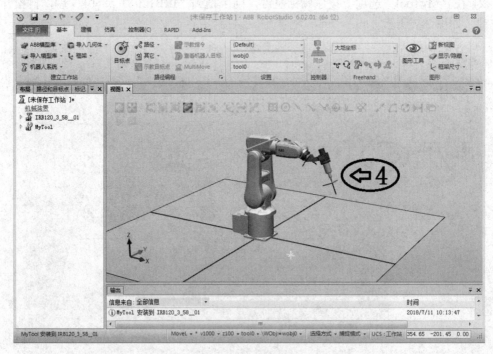

图 3-9　加载后效果

(5) 如果需要将焊枪工具从机器人法兰盘中卸下，则右键点击"MyTool"，选择"拆除"，如果需要删除，则选择"删除"，如图 3-10 所示。

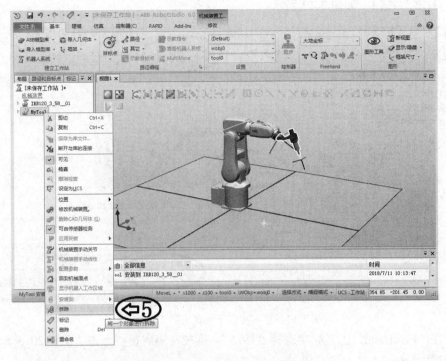

图 3-10　拆除或删除工具的操作

3. 移动工业机器人的位置

将工业机器人移动到导入的实训平台上，其具体操作过程如下：

(1) 在"基本"功能选项卡中，打开"导入模型库"—"浏览库文件"，如图 3-11 所示。

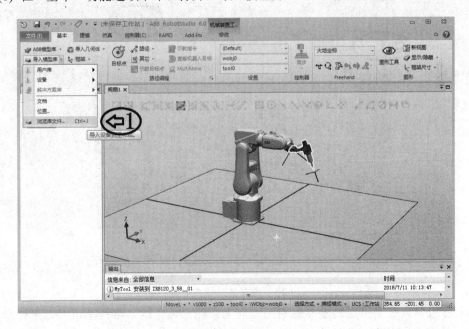

图 3-11　浏览库文件

(2) 在弹出的窗口中，在地址栏中确定"零件"文件夹的位置，选择"实训平台底架"，并点击"打开"按钮，如图3-12所示。

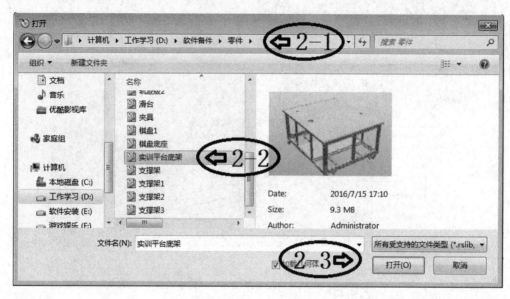

图3-12　导入实训平台底架到工作站

(3) 在"FreeHand"工具栏中选择"移动"，再在左侧浏览栏点击"IRB120_3_58_01"，如图3-13所示。

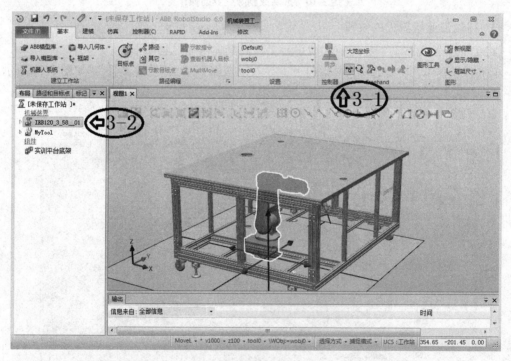

图3-13　选择移动操作方式

(4) 在机器人底座出现的坐标轴相应方向上按住鼠标左键，可拖动机器人来移动，根据此方法把机器人拖到实训平台底架上，如图3-14所示。

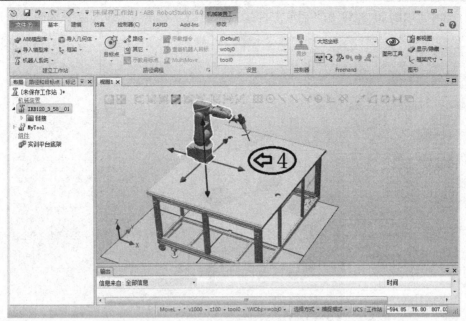

图 3-14　机器人移动到实训平台上

说明：点击蓝色轴拖动机器人，表示使机器人在 Z 轴方向移动；点击红色轴拖动机器人，表示使机器人在 X 轴方向移动；点击绿色轴拖动机器人，表示使机器人在 Y 轴方向移动。

4. 摆放工作对象

(1) 在"基本"功能选项卡中，打开"导入模型库"—"浏览库文件"，在"零件"文件夹中选择"棋盘底座"模型进行导入，如图 3-15 所示。

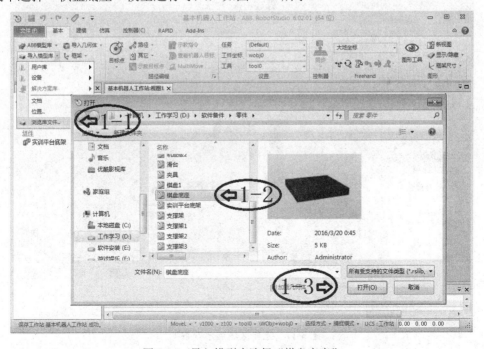

图 3-15　导入模型库选择"棋盘底座"

(2) 选中"IRB120_3_58_01"后单击右键，选择"显示机器人工作区域"，如图 3-16 所示。

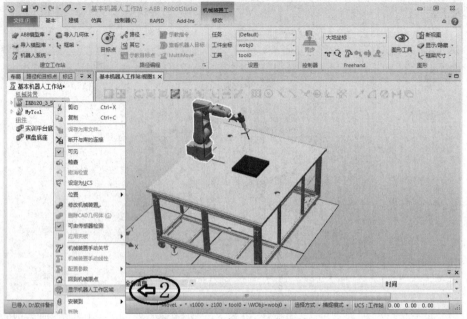

图 3-16　显示机器人工作区域

(3) 工作区域中的白色弧形区域表示机器人可以到达的工作范围。工作对象应该调整至机器人的最佳工作范围内，以进行轨迹规划，然后将棋盘底座移放在机器人工作区域内，如图 3-17 所示。

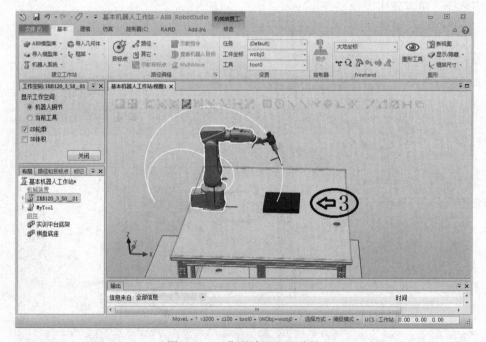

图 3-17　工作区域展示及说明

(4) 在"Freehand"工具栏中，选定"大地坐标"后单击"移动"按钮，如图 3-18 所示。

(5) 拖动箭头到达图 3-18 所示的大地坐标位置。

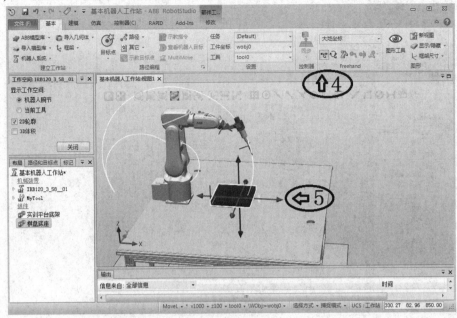

图 3-18 移动棋盘底座

说明：工业生产过程中，有很多加工件以组合体形式出现，下面引入新工作对象"棋盘"，并将原有工作对象"棋盘底座"与新工作对象"棋盘"进行组合处理。

(6) 在"基本"功能选项卡中，打开"导入模型库"—"浏览库文件"，在"零件"文件夹中选择"棋盘"模型进行导入，如图 3-19 所示。

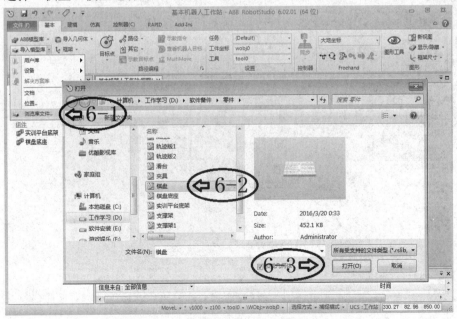

图 3-19 导入模型库并选择"棋盘"

(7) 将"棋盘"移动到"棋盘底座"上，在浏览栏右键单击"棋盘"，选择"位置"—"放置"下拉菜单中的"一个点"按钮，如图 3-20 所示。

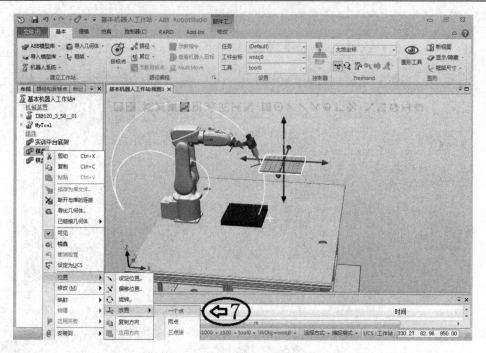

图 3-20　选用"一个点"合成工作对象

说明：为了能准确捕捉对象特征，需要正确地选择捕捉工具，如图 3-21 所示。如果选中该功能会显示橙色背景，未选中则为灰色背景。

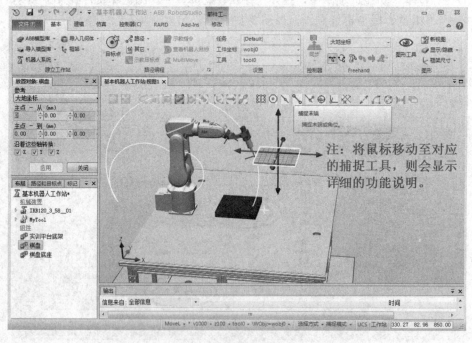

图 3-21　捕捉工具说明

(8) 选中捕捉工具的"选择部件"和"捕捉中心"，选中后会显示深色背景色，如图 3-22 所示。

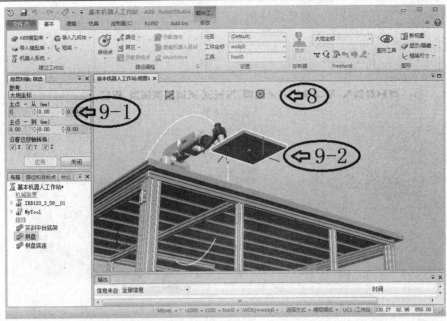

图 3-22 选择捕捉工具及捕捉"主点-从"的中心

(9) 切换视角到棋盘的底部,然后单击"主点-从(mm)"的第一个坐标点,再选择棋盘下面的中心点,生成源地址坐标,如图 3-22 所示。

(10) 切换视角到棋盘底座的上面,然后单击"主点-到(mm)"的第一个坐标点,再选择棋盘底座上面的中心点,生成目标地址坐标,如图 3-23 所示。

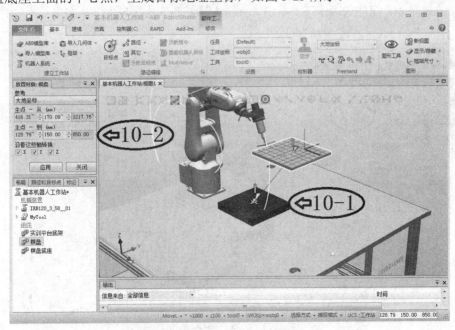

图 3-23 捕捉"主点-到"的中心

说明:在捕捉中心过程中,切换视角时鼠标不能移动到其他部件上,否则捕捉中心的坐标将会出错;如果出错,则按 Ctrl + Z 即可撤消上一次操作。

(11) 单击"应用"按钮，将棋盘堆放在棋盘底座上。

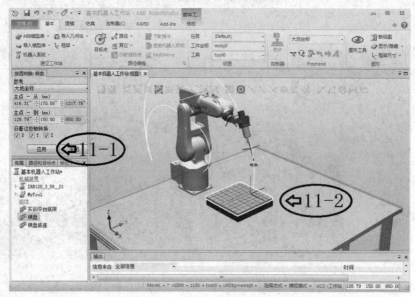

图 3-24　棋盘堆放在棋盘底座上

二、建立工业机器人系统

建立工业机器人系统的具体操作过程如下：

(1) 在"基本"功能选项卡下，单击"机器人系统"下拉选项的"从布局…"，如图 3-25 所示。

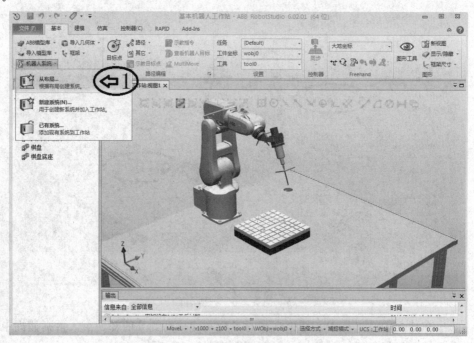

图 3-25　创建机器人系统

（2）确定好机器人系统的名称及保存地址后，单击"完成"按钮，如图 3-26 所示。

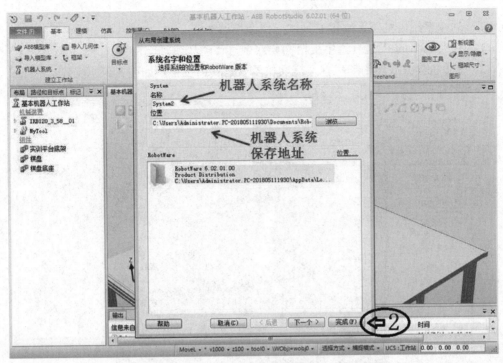

图 3-26　创建机器人系统相关参数

（3）等待一段时间后，系统创建成功，右下角出现"控制器状态"并显示为绿色，如图 3-27 所示。

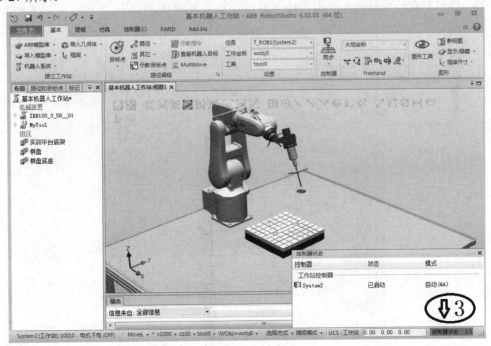

图 3-27　创建成功后的效果

三、调整创建系统后的机器人位置

调整创建系统后机器人位置的具体操作过程如下：

(1) 在"Freehand"工具栏中根据需要选中"移动"或"旋转"，如图 3-28 所示。

(2) 选中机器人底座的基坐标，拖动机器人到新的位置，如图 3-28 所示。

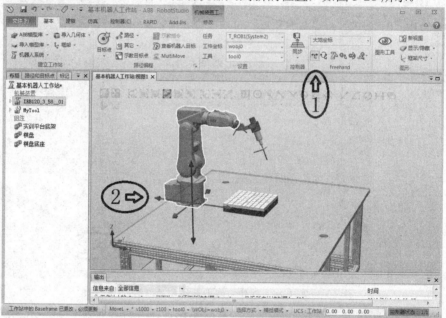

图 3-28　机器人位置调整

(3) 提示是否移动框架，单击"是"按钮，如图 3-29 所示。

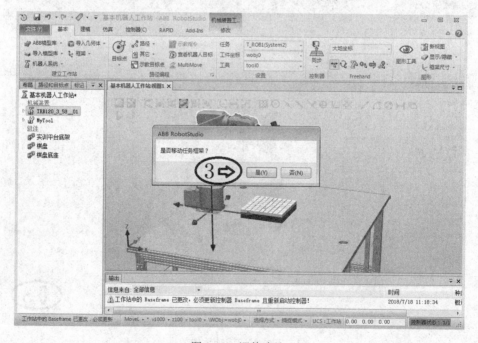

图 3-29　调整确认

说明：机器人系统创建后，就确定了机器人基坐标原点(即机器人底部中心点)在大地坐标中的位置，若此时再移动机器人，则必须同步更新基坐标原点在大地坐标中的位置，否则后面编程的程序将以原来的基坐标为参考，仿真运行结果与我们规划的路径会出现差异。

四、工业机器人的手动操作

1. 直接拖动

具体操作过程如下：

(1) 手动关节：

① 选中"Freehand"工具栏中的"手动关节"，如图 3-30 所示。

② 选中对应的关节轴进行运动，如图 3-30 所示。

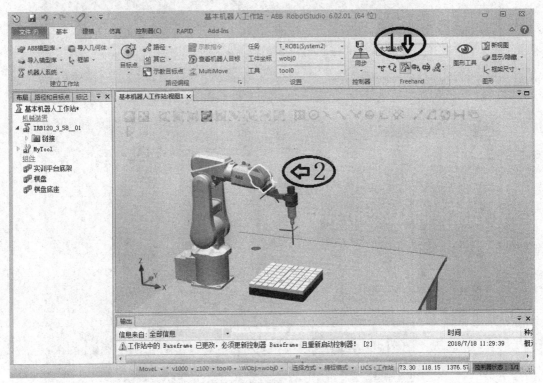

图 3-30　选择"手动关节"模式操纵机器人

(2) 手动线性：

① 将"设置"工具栏的"工具"选项设定为"MyTool"，如图 3-31 所示。

② 选中"Freehand"工具栏中的"手动线性"，如图 3-31 所示。

③ 选中机器人后，拖动箭头进行线性运动，如图 3-31 所示。

(3) 手动重定位：

① 选中"Freehand"工具栏中的"手动重定位"，如图 3-32 所示。

② 选中机器人后，拖动箭头进行重定位运动，如图 3-32 所示。

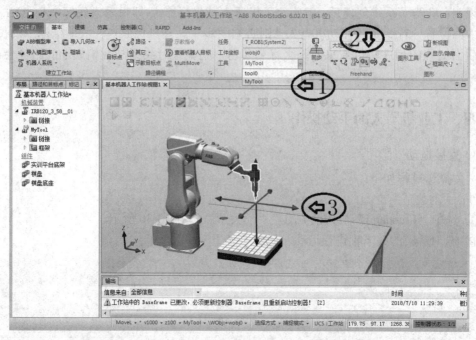

图 3-31　选择"手动线性"模式操纵机器人

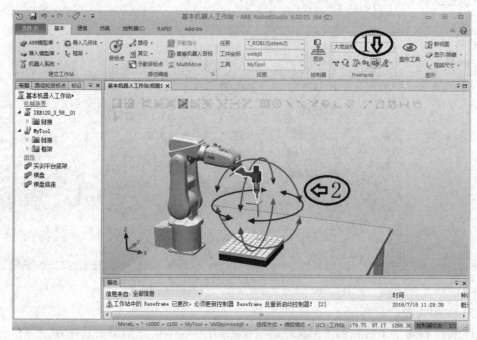

图 3-32　选择"手动重定位"模式操纵机器人

2. 精确手动

具体操作过程如下：

(1) 机械装置手动关节：

① 将"设置"工具栏的"工具"选项设定为"MyTool"，如图 3-33 所示。

② 在 "IRB120_3_58_01" 上单击右键,在菜单列表中选择 "机械装置手动关节",如图 3-33 所示。

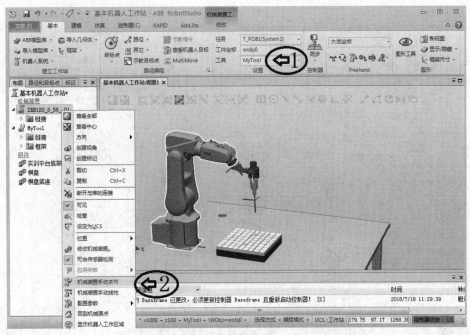

图 3-33 选择 "机械装置手动关节" 操作模式

③ 拖动中间的滑块,可以进行关节轴的运动,如图 3-34 所示。

④ 单击左右按钮,可以控制关节轴点动运动,如图 3-34 所示。

⑤ 设定每次点动运行的距离,如图 3-34 所示。

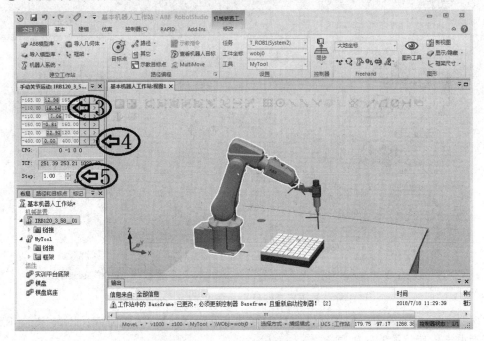

图 3-34 精确手动关节运动的操作

(2) 机械装置手动线性：

① 在"IRB120_3_58_01"上单击右键，在菜单列表中选择"机械装置手动线性"，如图 3-35 所示。

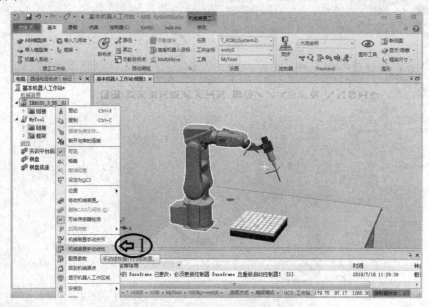

图 3-35　选择"机械装置手动线性"操作模式

② 可在空白区域输入线性运动或重定位运动的位置值或角度值，如图 3-36 所示。

③ 单击左右按钮，可以控制线性运动或重定位运动，如图 3-36 所示。

④ 设定每次点动运行的距离，如图 3-36 所示。

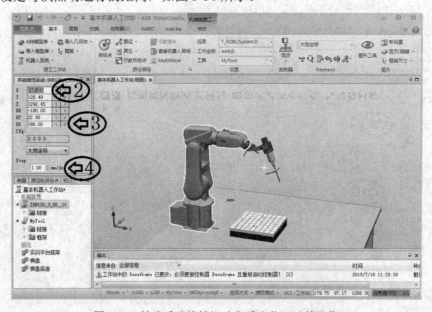

图 3-36　精确手动线性运动和重定位运动的操作

说明：X、Y、Z 表示精确线性运动的移动方向是 X、Y、Z 轴方向；RX、RY、RZ 表示精确重定位运动的旋转轴是 X、Y、Z 轴。

3 回到机械原点

手动操纵使机器人的姿态改变后，可通过"回到机械原点"使机器人姿态恢复到初始状态。其操作步骤如下：在"IRB120_3_58_01"上单击右键，在菜单列表中选择"回到机械原点"，如图 3-37 所示。

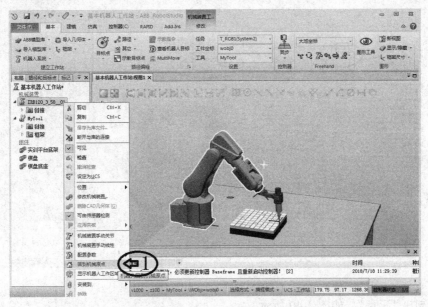

图 3-37 回到机械原点

五、建立工业机器人的工件坐标

建立工业机器人工件坐标的具体操作过程如下：

(1) 在"基本"功能选项卡的"其它"中选择"创建工件坐标"，如图 3-38 所示。

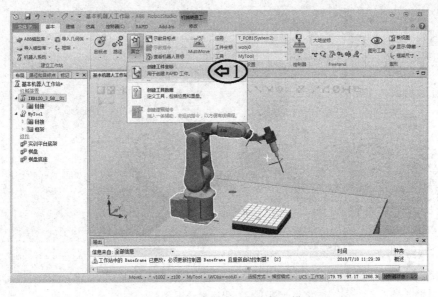

图 3-38 进入"创建工件坐标"模式

(2) 选择捕捉工具：单击"选择表面"和"捕捉末端"，如图 3-39 所示。

(3) 设定工件坐标名称为"Wobj1"，如图 3-39 所示。

(4) 单击"取点创建框架"，然后再点击右边出现的下拉三角形，如图 3-39 所示。

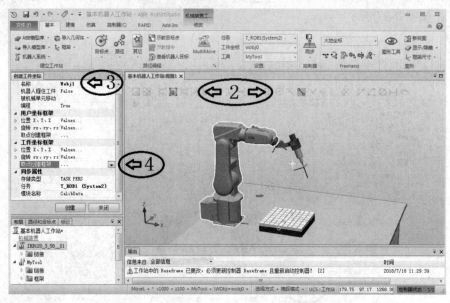

图 3-39　创建工件坐标

(5) 选中"三点"，如图 3-40 所示。

(6) 单击"X 轴上的第一个点"的第一个输入框，如图 3-40 所示。

(7) 单击 1 号点，如图 3-40 所示。

(8) 单击 2 号点，如图 3-40 所示。

(9) 单击 3 号点，如图 3-40 所示。

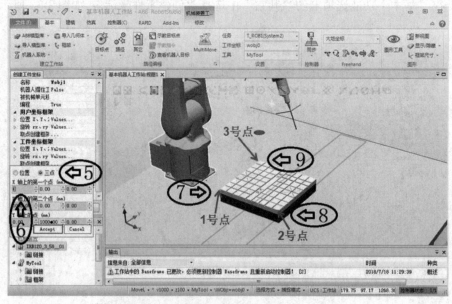

图 3-40　坐标参数设置

（10）确认生成三个角点的坐标数据后，单击"Accept"按钮，如图 3-41 所示；

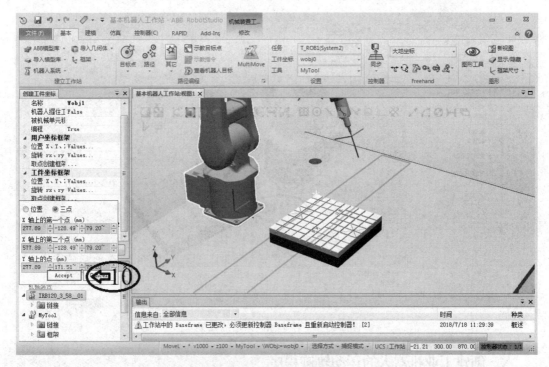

图 3-41 坐标数据设置确认

（11）单击"创建"按钮，如图 3-42 所示。

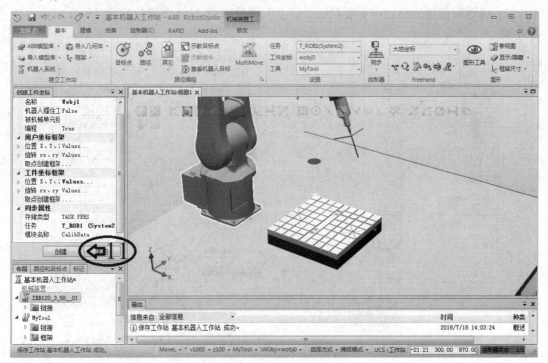

图 3-42 工件坐标创建确认

(12) 工件坐标"Wobj1"创建成功，如图 3-43 所示。

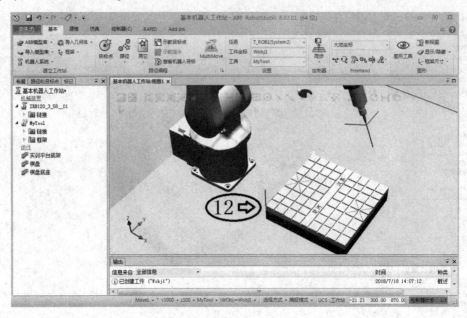

图 3-43　工件坐标创建后的效果

六、创建工业机器人的运动轨迹程序

创建工业机器人运动轨迹程序的具体操作过程如下：

(1) 规划欲创建的路径：安装在法兰盘上的焊枪沿图 3-44 中箭头所示路径在棋盘上绕行一圈。

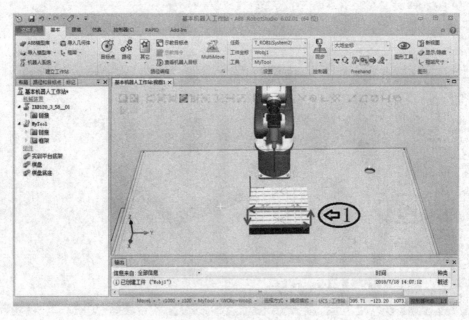

图 3-44　运动轨迹说明

（2）在"基本"功能选项卡中，单击"路径"后选择"空路径"，如图 3-45 所示。

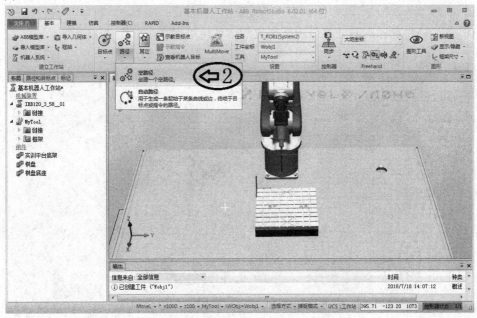

图 3-45　新建"空路径"

（3）生成空路径"Path_10"，如图 3-46 所示。

（4）在"设置"栏中设定好工件坐标为"Wobj1"、工具为"MyTool"，如图 3-46 所示。

（5）在开始编辑之前，对运动指令及参数进行设定，单击虚线框中对应的选项并设定为"MoveJ v200 fine MyTool,\Wobj :=Wobj1"，如图 3-46 所示。

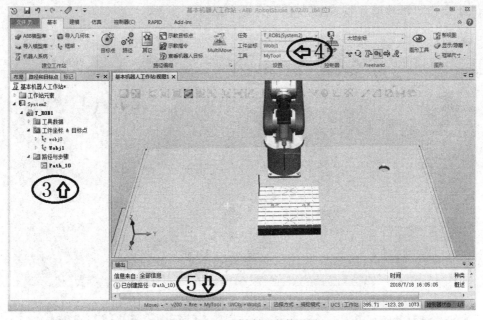

图 3-46　运动指令及参数设置

（6）选择"Freehand"工具栏中的"手动关节"，如图 3-47 所示。

（7）将机器人的第五轴拖动到合适的位置(焊枪垂直状态)，作为轨迹的安全点，如图

3-47 所示。

(8) 单击"示教指令",如图 3-47 所示。

(9) "路径和目标点"处将显示新创建的运动轨迹指令,如图 3-47 所示。

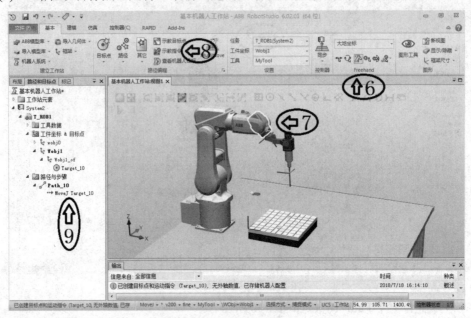

图 3-47　安全点坐标定位

(10) 单击"Freehand"工具栏中的"手动线性",如图 3-48 所示。

(11) 拖动机器人,使焊枪对准第一个角点,如图 3-48 所示。

(12) 单击"示教指令",如图 3-48 所示。

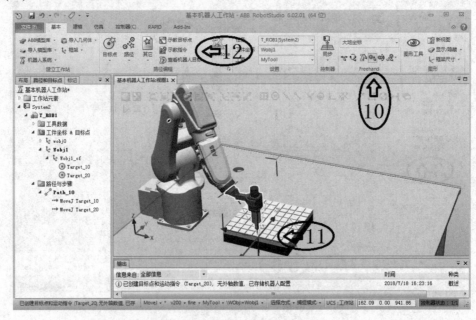

图 3-48　路径第一个点坐标定位

(13) 使工具沿着棋盘规划的轨迹运动,单击此处进行运动参数设定,将运动指令由关节运动 MoveJ 改为线性运动 MoveL，如图 3-49 所示。

(14) 拖动机器人，使焊枪对准第二个角点，如图 3-49 所示。

(15) 单击"示教指令"，如图 3-49 所示。

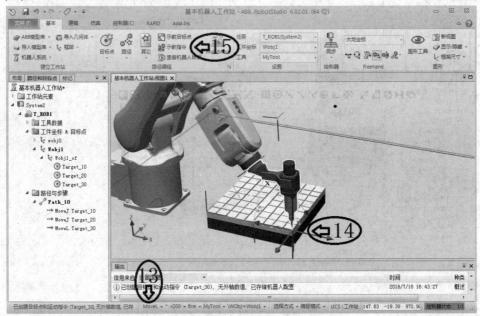

图 3-49 路径第二点坐标定位

(16) 拖动机器人，使焊枪对准第三个角点，如图 3-50 所示。

(17) 单击"示教指令"，如图 3-50 所示。

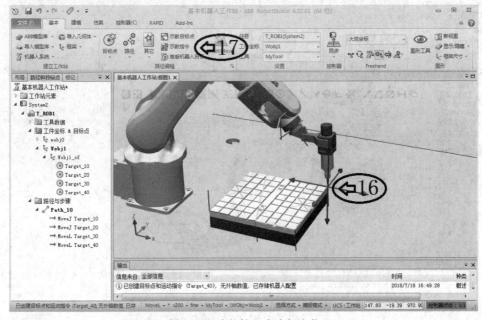

图 3-50 路径第三点坐标定位

(18) 拖动机器人，使焊枪对准第四个角点，如图 3-51 所示。

(19) 单击"示教指令"，如图 3-51 所示。

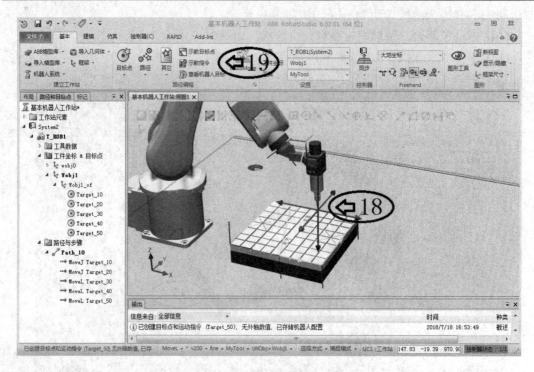

图 3-51　路径第四点坐标定位

(20) 拖动机器人，使焊枪对准第一个角点，如图 3-52 所示。

(21) 单击"示教指令"，如图 3-52 所示。

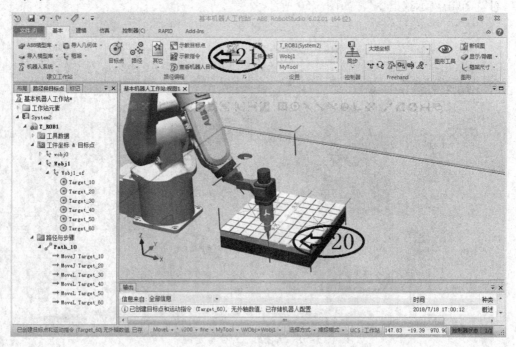

图 3-52　路径回到第一点坐标定位

(22) 在路径"Path_10"上单击右键，在下拉菜单中选择"到达能力"，如图 3-53 所示。

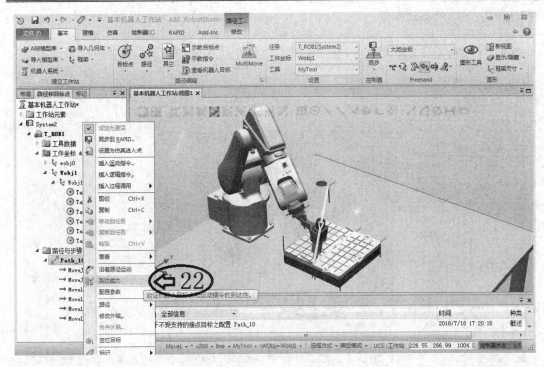

图 3-53 验证机器人手臂到达能力

(23) 如图 3-54 所示，显示对勾表示目标点可以到达，然后单击"关闭"按钮。

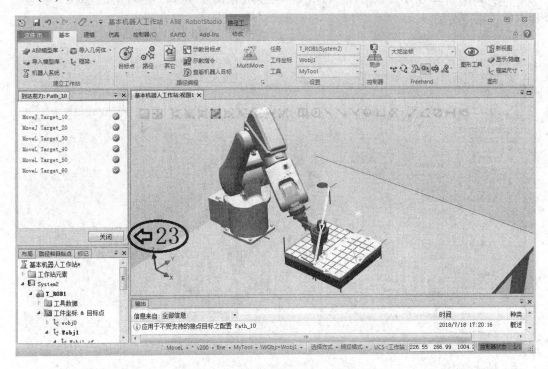

图 3-54 验证"到达能力"后的效果

(24) 如图 3-55 所示，在路径"Path_10"上单击右键，选择"配置参数"—"自动配置”进行关节轴的自动配置。

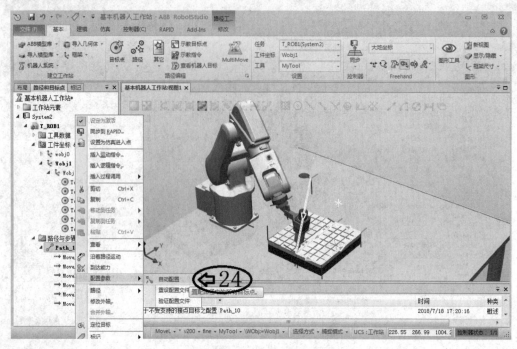

图 3-55　关节轴的自动配置

（25）如图 3-56 所示，在路径"Path_10"上单击右键，选择"沿着路径运动"，检查机器人能否正常运动。

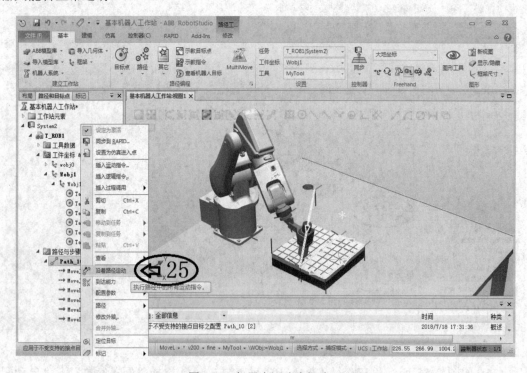

图 3-56　机器人运动路径验证

七、仿真运行机器人轨迹程序

在 RS 软件中仿真运行机器人运动轨迹程序的操作过程如下：

(1) 如图 3-57 所示，在"基本"功能选项卡下单击"同步"，选择"同步到 RAPID"。

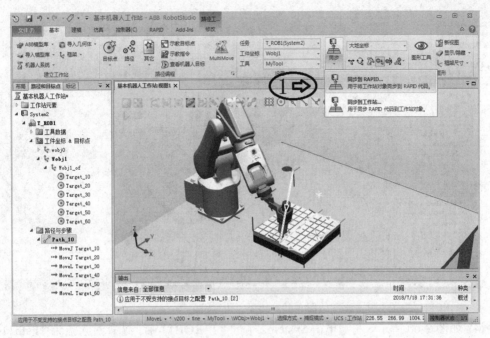

图 3-57　选择"同步到 RAPID"

(2) 如图 3-58 所示，将需要同步的项目上打钩，单击"确定"按钮，通常情况下全勾选。

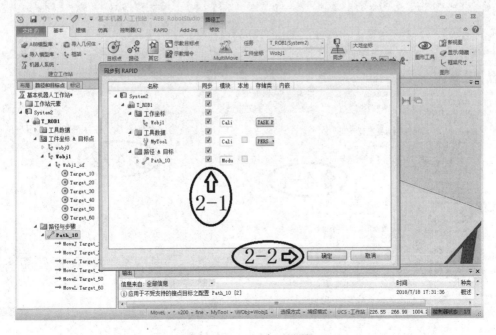

图 3-58　"同步"设置

(3) 如图 3-59 所示，在"仿真"功能选项卡下，单击"仿真设定"。

图 3-59　选择"仿真设定"

(4) 如图 3-60 所示，左键单击 System2 下的"T_ROB1"后，选择进入点为"Path_10"。

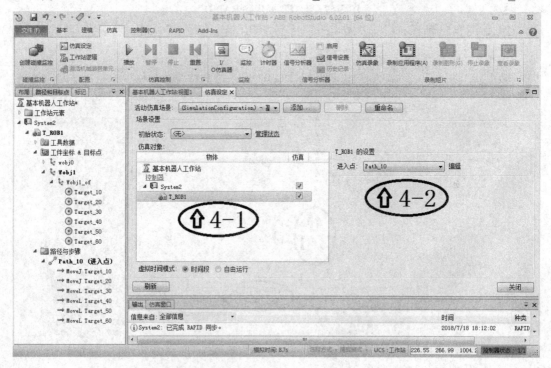

图 3-60　"进入点"设置

（5）如图 3-61 所示，在"仿真"选项卡中，单击"播放"，即可看到机器人按规划的示教轨迹进行运动。

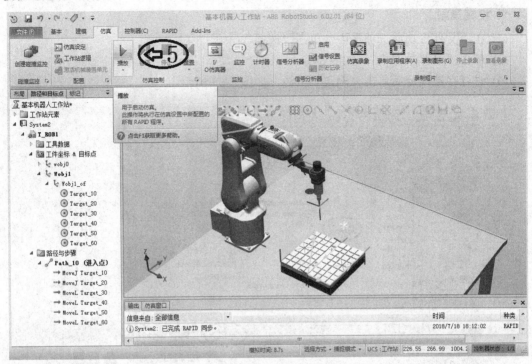

图 3-61 "仿真运行"

（6）如图 3-62 所示，单击"保存"，对工作站进行保存。

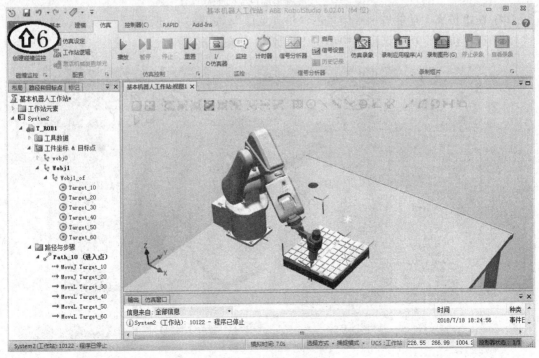

图 3-62 工作站的保存

八、将机器人的仿真录制成视频

1. 视频录制

(1) 在"文件"功能选项卡中，单击"选项"，如图 3-63 所示。

(2) 单击"屏幕录像机"，如图 3-63 所示。

(3) 进行参数设定后单击"确定"按钮，如图 3-63 所示。

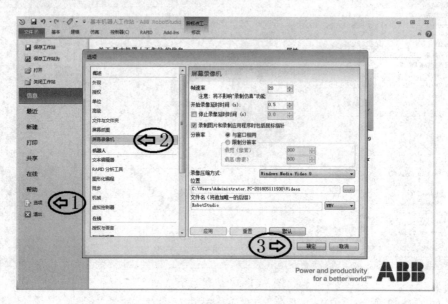

图 3-63　"屏幕录像机"的参数设置

(4) 在"仿真"功能选项卡中单击"仿真录像"，如图 3-64 所示。

(5) 在"仿真"功能选项卡中单击"播放"，如图 3-64 所示。

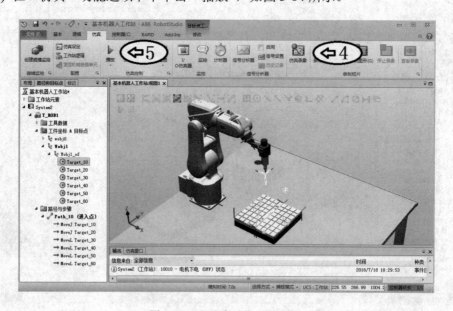

图 3-64　"仿真录像"的操作

(6) 如图 3-65 所示，在"仿真"功能选项卡中单击"查看录像"，即可看到录制的视频。

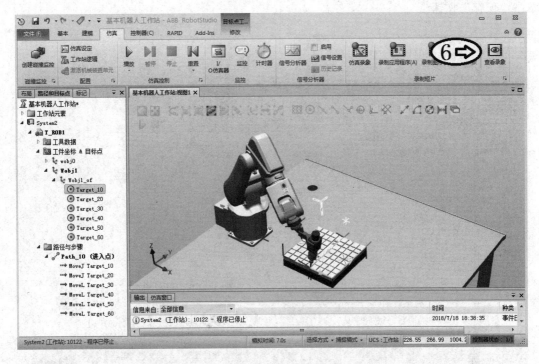

图 3-65 "仿真录像"查看

2. 生成 exe 可执行文件

(1) 如图 3-66 所示，在"仿真"功能选项卡中单击"播放"，选择"录制视图"。

图 3-66 选择"录制视图"

（2）如图 3-67 所示，录制完成后，在弹出的保存对话框中指定保存位置和名称，然后单击"保存"按钮。

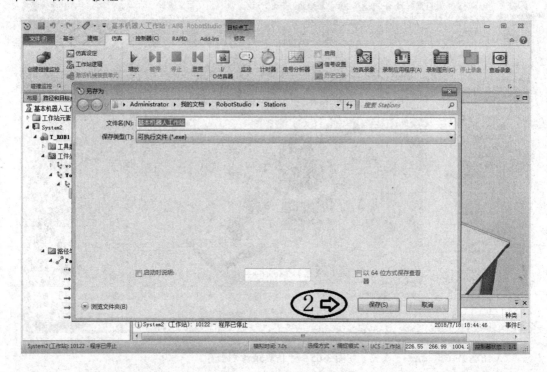

图 3-67　"录制视图"的保存

（3）如图 3-68 所示，双击打开刚才生成的.exe 文件（基本机器人工作站）。

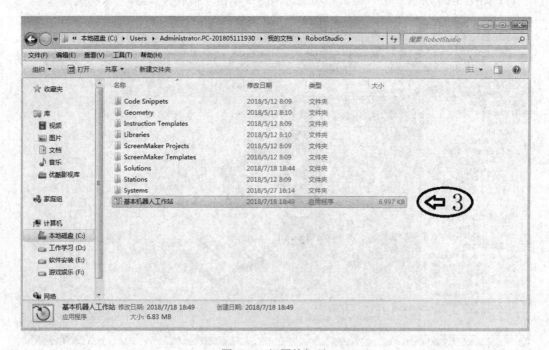

图 3-68　视图的打开

(4) 如图 3-69 所示，单击"Play"，机器人开始运动，在此窗口中缩放、平移和转换视角的操作与 RobotStudio 中的一样。

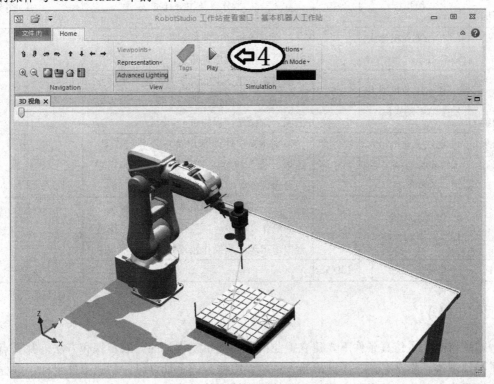

图 3-69 生成 .exe 文件后的执行

【考核与评价】

项目三 训练评分标准

一级指标	二级指标	分值	扣分点及扣分标准	扣分及原因	得分
训练过程(%)	1. 学习纪律	5	迟到早退一次扣 1 分；旷课一次扣 2 分；上课时间未按规定上交手机、讲小话、睡觉一次扣 1 分		
	2. 团队精神	5	不参加团队讨论一次扣 1 分；不接受团队任务安排一次扣 2 分；不配合其他成员完成团队任务一次扣 2 分		
	3. 操作规范	15	操作中，工具摆放不整齐或使用后不及时归位，一次扣 3 分；各种物料没按规定分类放置，一次扣 3 分；不遵守安全规范一次扣 10 分		
	4. 行为举止	5	随地乱吐、乱涂、乱扔垃圾等，一次扣 2 分；语言不文明一次扣 1 分		

一级指标	二级指标	分值	扣分点及扣分标准	扣分及原因	得分
训练结果(%)	1. 布局工业机器人基本工作站	20	独立完成布局工业机器人基本工作站的操作，操作步骤出现错误，每次扣4分		
	2. 建立工业机器人系统与手动操纵	10	独立完成建立工业机器人系统与手动操纵，缺少一项操作扣5分，操作过程中每出现一次操作错误扣1分		
	3. 创建工业机器人工件坐标与编写运动轨迹程序	30	识别 RS 软件内常用菜单及各类工具选项，操作过程中每出现一次操作错误扣2分		
	4. 仿真运行机器人程序及录制视频	10	独立完成仿真运动机器人程序及录制视频的操作，缺少一项操作扣5分，操作过程中每出现一次操作错误扣1分		
总计		100 分			

【项目小结】

本项目介绍了仿真条件下，建立工业机器人简单工作站的一般步骤和方法，并重点讲解了布局基本工作站、建立工业机器人系统、机器人的手动操纵、创建工件坐标、编程运动轨迹程序、仿真运行机器人程序和视频录制等具体操作的实现方法。

【作业布置】

1. 什么是机器人工作站？
2. 机器人工作站的研制周期要经历哪五个阶段？
3. 建立工业机器人工作站的一般方法与步骤是什么？
4. 手动操纵机器人运动有哪三种模式？
5. 机器人坐标系有哪些？
6. 简述工具坐标系与工件坐标系的作用。
7. 为什么机器人系统创建后不要随便移动机器人的位置？

项目四 工装组件的 3D 建模

【项目描述】

在机器人工作站，经常需要集成传动机构、各类夹具等机器人外围工装组件，以配合机器人工作。在仿真条件下，RS 软件提供了丰富的几何固件以供选择，可以方便地创建用户所需要的结构模型。如果只是进行机器人仿真验证，则可以以导入基本模型，节约建模时间；如果使用测量工具，则可以建立非常细致、精确的工装模型，并通过创建工装组件的运动模型进行仿真验证，使机器人工作站有更好的展示效果。

本项目将以创建一个带有动态夹爪的机器人工作站为例，介绍工装组件、3D 建模、创建动态机械装置以及生成后的机械装置与机器人进行系统集成的一般方法。

【教学目标】

1. 技能目标

➢ 掌握工装组件 3D 建模的方法；

➢ 掌握测量工具的使用方法；

➢ 学会创建机械装置的方法；

➢ 掌握将机械装置创建为机器人工具的方法；

2. 素养目标

➢ 具有发现问题、分析问题、解决问题的能力；

➢ 具有高度责任心和良好的团队合作能力；

➢ 培养良好的职业素养和一定的创新意识；

➢ 养成"认真负责、精检细修、文明生产、安全生产"等良好的职业道德。

【知识准备】

一、工装建模

当使用 RS 软件进行机器人的仿真验证时，如节拍、到达能力等，如果对外围工装模型要求较低时，可以用简单的、等同实际大小的基本模型进行代替，从而节约仿真验证的时间。如果需要精细的 3D 模型，则可通过第三方的建模软件进行建模，并通过 *.Sat 格式导入到 RS 软件中完成建模布局的工作。

二、测量工具

RS 软件中的测量工具主要用于对建立或导入的工装模型进行测量，验证工装模型的精度。测量过程中涉及部件(测量对象)的选取、测量方法(二点法或多点法)的使用、捕捉模式(捕捉末端、捕捉边缘等)的选择以及测量属性(角度、直径、最短距离)的获取等四个方面的内容。

三、创建机械装置

在 RS 软件中，可以通过创建机械装置的方式来展现传动机构、夹具等工装组件的动态效果。如图 4-1 所示为一个带夹爪的机器人简单工作站。

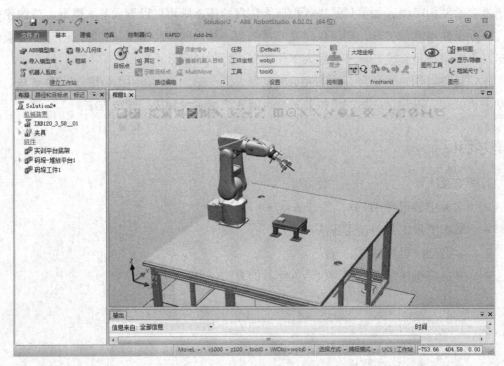

图 4-1　带夹爪的机器人简单工作站

【项目实施】

一、建立工装模型

1. 简单模型的建立

当模型精度要求不高时，可以采用基本形状构建简单 3D 模型，具体操作如下：

(1) 如图 4-2 所示，在"建模"功能选项卡中，单击"创建"组中的"固体"，选择"矩形体"。

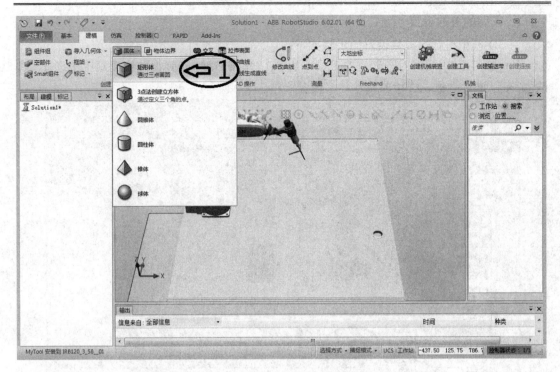

图 4-2 选择基本形状

(2) 如图 4-3 所示，在"角点"的位置输入要插入矩形的位置"200、0、786"，输入长度"200 mm"、宽度"200 mm"、高度"200 mm"然后点击"创建"按钮。

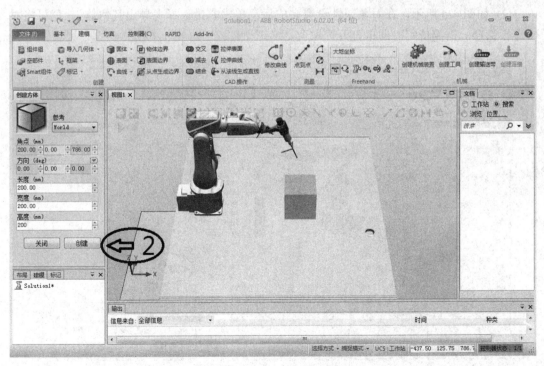

图 4-3 基本形状参数设置

2. 模型的参数设置

对 3D 模型进行的参数设置的步骤如下：

(1) 如图 4-4 所示，对刚创建的对象"部件_1"单击右键，在弹出的快捷菜单中选择"修改"，可以进行颜色、移动、显示等相关设置。

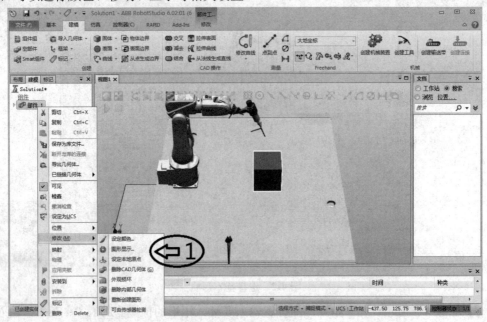

图 4-4　对象属性设置

(2) 如图 4-5 所示，在对象属性设置完成后，单击右键选择"导出几何体"，就可将对象进行保存，需要使用时即可打开读取。

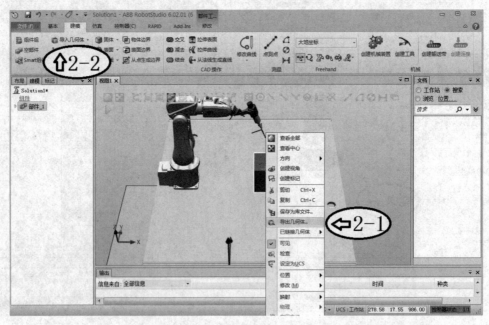

图 4-5　对象导出与导入

二、测量工具的使用

1. 测量垛板的长度

(1) 选择捕捉模式："捕捉表面"、"捕捉末端"，如图 4-6 所示。

(2) 在"建模"选项卡中单击"点到点"，如图 4-6 所示。

(3) 分别单击要测量的两个角点，如图 4-6 所示。

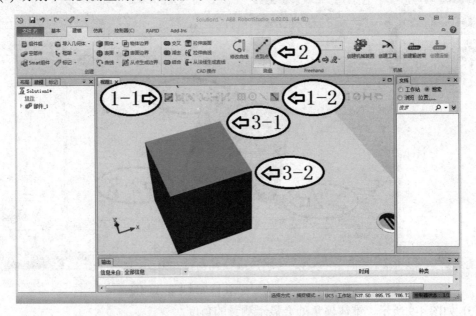

图 4-6　"两点法" + "捕捉末端"模式测量

(4) 如图 4-7 所示，两点间会显示测量的长度。

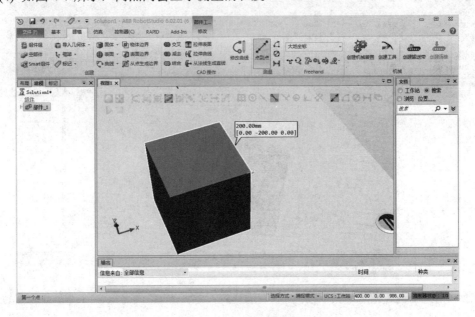

图 4-7　长度测量的结果

2. 测量锥体的角度

(1) 在"建模"选项卡下的测量工具栏中单击"角度",如图 4-8 所示。

(2) 分别单击要测量锥体角度的三个角点,如图 4-8 所示。

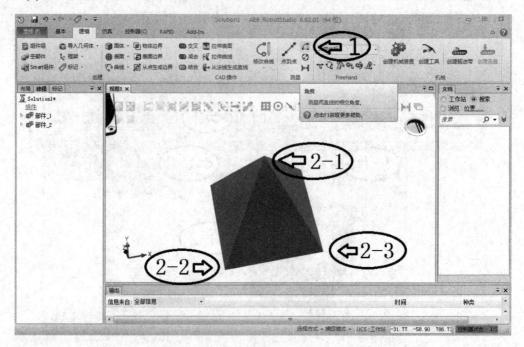

图 4-8 "三点法" + "获得角度"模式测量

(3) 如图 4-9 所示,锥体顶角处会显示测量的角度。

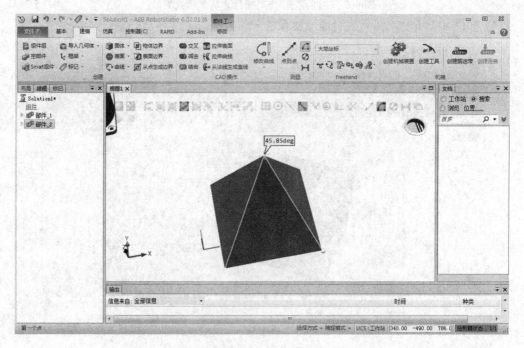

图 4-9 角度测量的结果

3. 测量圆柱体的直径

(1) 在"建模"选项卡下的测量工具栏中单击"直径",如图 4-10 所示。

(2) 选择捕捉模式:"捕捉表面"、"捕捉边缘",如图 4-10 所示。

(3) 用"三点法"在圆柱体端面边缘选择三个点进行点击,如图 4-10 所示。

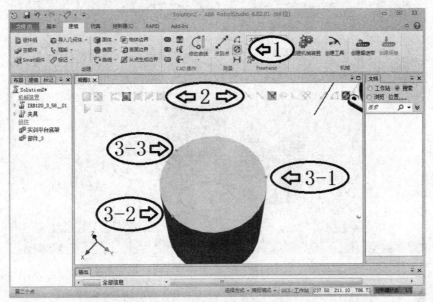

图 4-10　"三点法"+"获得直径"模式测量

(4) 如图 4-11 所示,测量的直径将显示在圆柱体端面上。

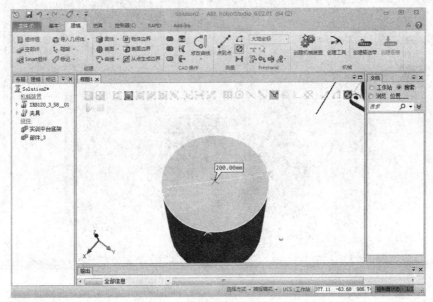

图 4-11　直径测量的结果

4. 测量两个物体间的最短距离

(1) 在"建模"选项卡下的测量工具栏中单击"最短距离",如图 4-12 所示。

(2) 选择捕捉模式："选择部件"、"捕捉边缘"，如图 4-12 所示。

(3) 用"二点法"分别在两个被测物体上选择一个点进行点击，如图 4-12 所示。

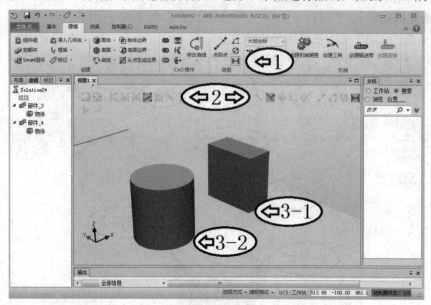

图 4-12　"二点法" + "获得最短距离"模式测量

(4) 如图 4-13 所示，测量的最短距离将显示在两个被测物体之间。

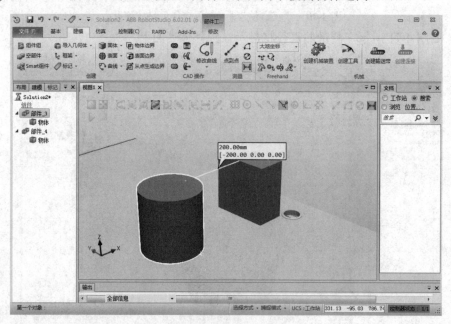

图 4-13　最短距离测量的结果

三、创建动态机械装置

以创建一个可以固定在机器人法兰盘上的动态夹爪为例，介绍创建动态机械装置的一般操作步骤。

1. 导入工装模型

导入夹爪模型的具体操作步骤如下:

(1) 如图 4-14 所示,通过"基本"功能选项卡中"导入几何体"—"浏览几何体"来导入夹爪模型。

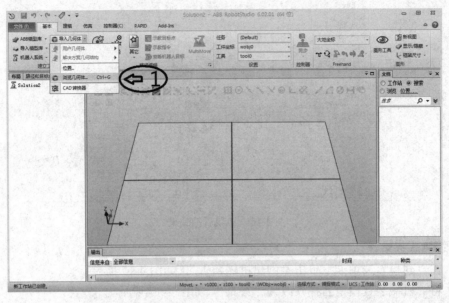

图 4-14　导入几何体

(2) 如图 4-15 所示,在弹出的菜单中打开几何体所在文件夹,再依次选择"夹具 L1.stp"、"夹具 L2.stp"、"夹具 L3.stp",然后点击"打开"按钮。

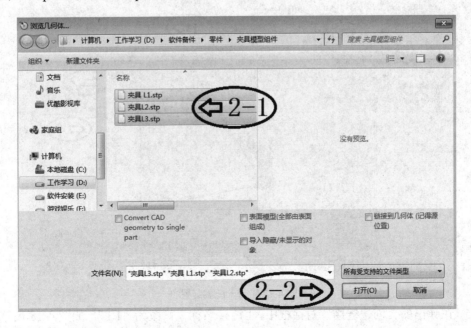

图 4-15　导入夹具几何体

(3) 加载后的效果如图 4-16 所示。

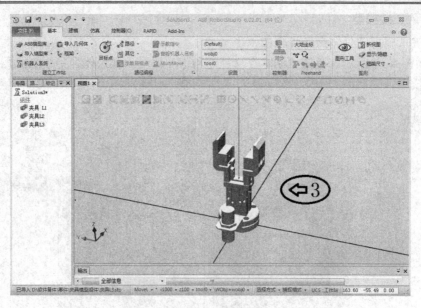

图 4-16　加载后的效果

2. 编辑工具链接

(1) 在"建模"选项卡下单击"创建机械装置",如图 4-17 所示。

(2) 将"机械装置模型名称"改为"夹具",如图 4-17 所示。

(3) "机械装置类型"选择"工具",如图 4-17 所示。

(4) 双击"链接",如图 4-17 所示。

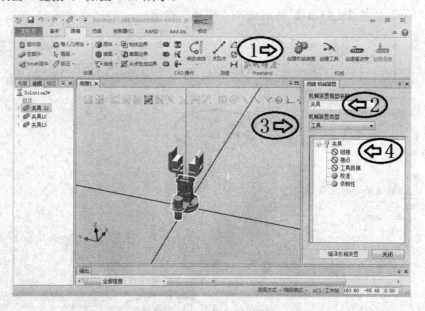

图 4-17　编辑机械装置

(5) 在弹出的"创建链接"对话框中,"链接名称"修改为"L1",如图 4-18 所示。

(6) "所选部件"选为"夹具 L1",如图 4-18 所示。

(7) 勾选"设置为 BaseLink",如图 4-18 所示。

(8) 点击"添加"按钮，如图 4-18 所示。

(9) 点击"应用"按钮，如图 4-18 所示。

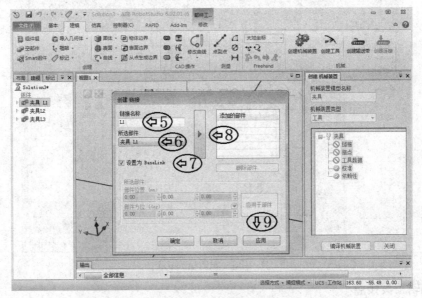

图 4-18 编辑链接 L1

(10) "链接名称"修改为"L2"，如图 4-19 所示。

(11) "所选部件"选为"夹具 L2"，如图 4-19 所示。

(12) 点击"添加"按钮，如图 4-19 所示。

(13) 单击"应用"按钮，如图 4-19 所示。

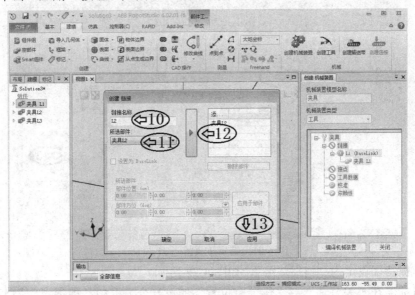

图 4-19 编辑链接 L2

(14) "链接名称"修改为"L3"，如图 4-20 所示。

(15) "所选部件"选为"夹具 L3"，如图 4-20 所示。

(16) 点击"添加"按钮，如图 4-20 所示。

(17) 单击"确定"按钮，如图 4-20 所示。

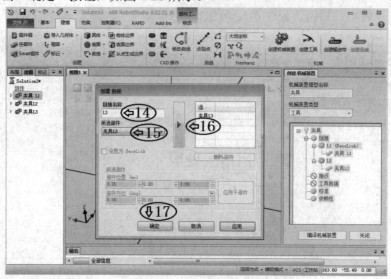

图 4-20　编辑链接 L3

3. 编辑工具接点

(1) 双击"接点"，如图 4-21 所示。

(2) "关节名称"改为"J1"，如图 4-21 所示。

(3) "关节类型"设为"往复的"，"父链接"设为"L1"，"子链接"设为"L2"，如图 4-21 所示。

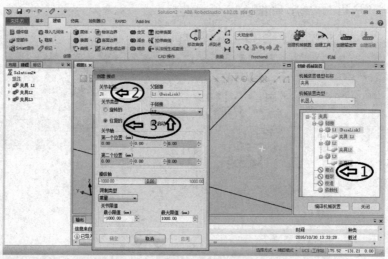

图 4-21　编辑工具接点 J1 关系

(4) 捕捉特征设定为"捕捉边缘"，如图 4-22 所示。

(5) 鼠标停在"关节轴"—"第一个位置"的第一个方框中，捕捉点作为夹具移动方向上的第一个点，如图 4-22 所示。

(6) 鼠标停在"关节轴"—"第二个位置"的第一个方框中，捕捉点作为夹具移动方向上的第二个点，如图 4-22 所示。

(7) "最小限值"改为"0","最大限值"改为"15",如图 4-22 所示。

(8) 单击"应用"按钮,如图 4-22 所示。

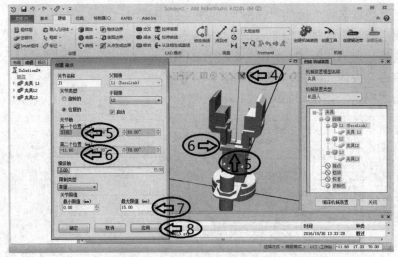

图 4-22 编辑工具接点 J1 移动范围

(9) 关节名称"改为"L2",如图 4-23 所示。

(10) 关节类型"设为"往复的","父链接"设为"L1","子链接"设为"L3",如图 4-23 所示。

(11) 鼠标停在"关节轴"—"第一个位置"的第一个方框中,捕捉点作为夹具移动方向上的第一个点,如图 4-23 所示。

(12) 鼠标停在"关节轴"—"第二个位置"的第一个方框中,捕捉点作为夹具移动方向上的第二个点,如图 4-24 示。

(13) 最小限值"改为"0","最大限值"改为"15",如图 4-24 所示。

(14) 单击"确定"按钮,如图 4-24 所示。

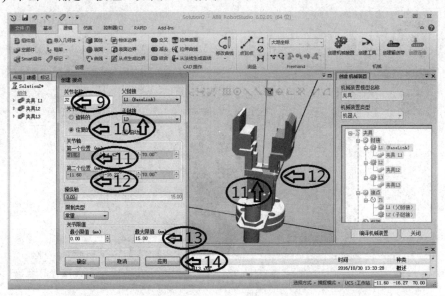

图 4-23 编辑工具接点 J2

4. 编辑工具的坐标系框架数据

(1) 双击"工具数据",如图 4-24 所示。

(2) "工具数据名称"改为"Grip",如图 4-24 所示。

(3) "属于链接"选择"L1",如图 4-24 所示。

(4) "位置"改为"0,0,110",如图 4-24 所示。

(5) "重心"设为"0,0,80",如图 4-24 所示。

(6) 单击"确定"按钮,如图 4-24 所示。

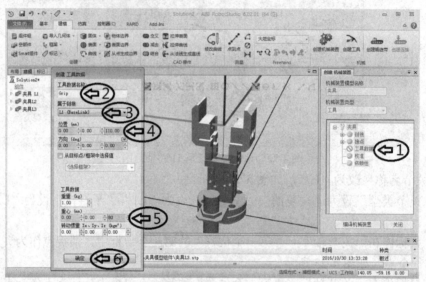

图 4-24　编辑工具的坐标系框架数据

5. 编译机械装置并为工具添加运动时间属性

(1) 如图 4-25 所示,单击"编译机械装置"按钮。

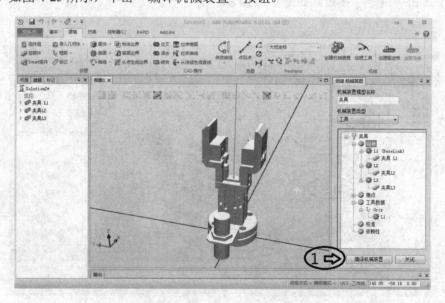

图 4-25　编译机械装置

（2）如图 4-26 所示，点击"添加"按钮。

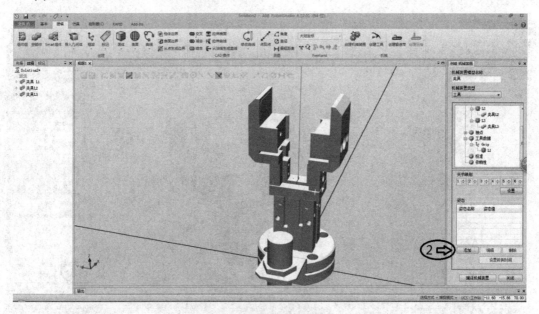

图 4-26　添加工具姿态

（3）"姿态名称"改为"夹具打开"，如图 4-27 所示。

（4）"关节值"移动到 15 最大处，在移动的过程中，可以观察到夹具打开时的姿态，如图 4-27 所示。

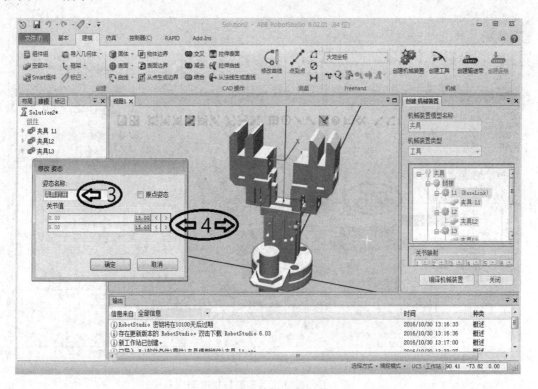

图 4-27　编辑工具姿态

(5) 如图 4-28 所示，点击"设置转换时间"按钮。

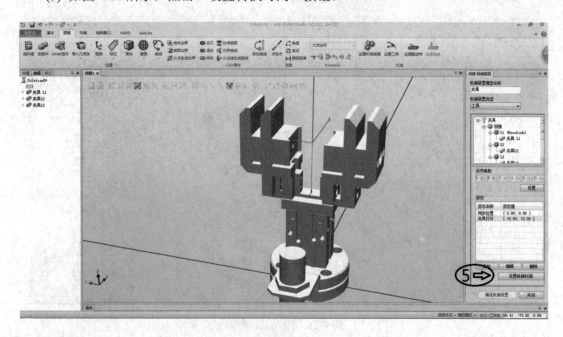

图 4-28　设置工具姿态转换时间

(6) 在弹出的"设置转换时间"对话框中，设定时间为 5s，如图 4-29 所示。

(7) 点击"确定"按钮，如图 4-29 所示。

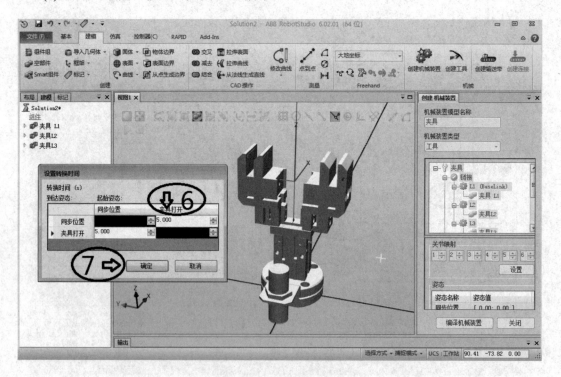

图 4-29　编译工具姿态转换时间

四、将生成后的机械装置转换为机器人工具

创建后的夹爪还需要与机器人绑定成为机器人工具，具体操作步骤如下：

(1) 如图 4-30 所示，点击"ABB 模型库"，选中"IRB120"，即可加载机器人。

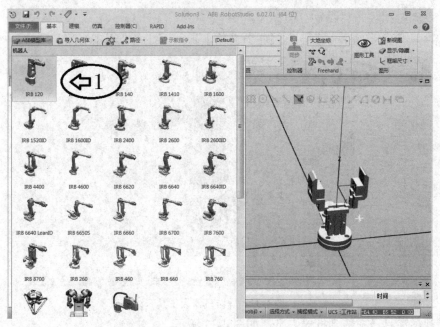

图 4-30　加载机器人

(2) 如图 4-31 所示，选择"机器人系统"—"从布局"，配置机器人系统，等待控制器状态变为绿色时，机器人系统启动。

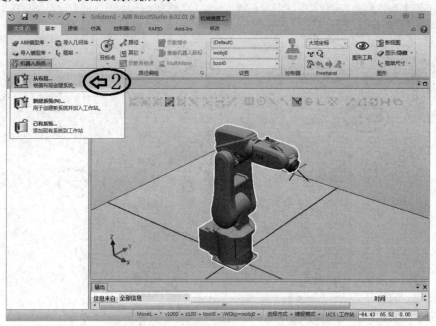

图 4-31　加载机器人系统

(3) 如图 4-32 所示，选中"夹具"后，按住鼠标左键把夹具拖放到机器人"IRB120_3_58_01"上再松开。

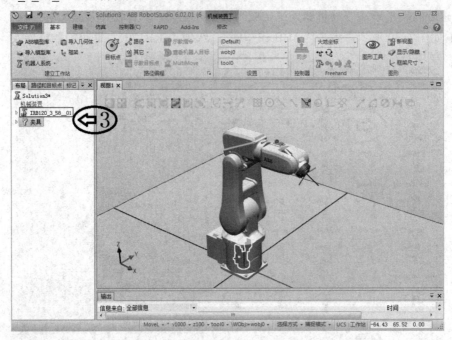

图 4-32　安装机器人工具

(4) 观察夹具已安装到机器人上，如图 4-33 所示。

(5) 夹具的图标显示"工具"正常，如图 4-33 所示。

(6) "工具"具有"Grip"选项，可以选择"Grip"，如图 4-33 所示。

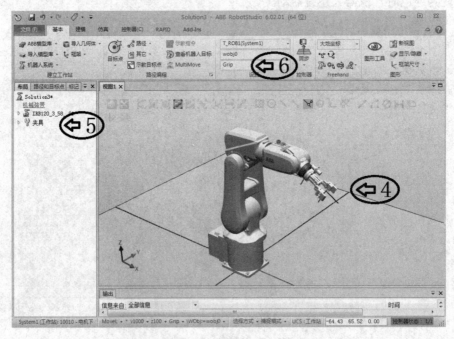

图 4-33　选择机器人工具

(7) 展开"夹具",可以看到"链接"、"框架",如图 4-34 所示。

(8) 选择"Freehand"工具栏上的"手动关节",就可以对机器人前端夹具进行夹紧/松开等运动,如图 4-34 所示。

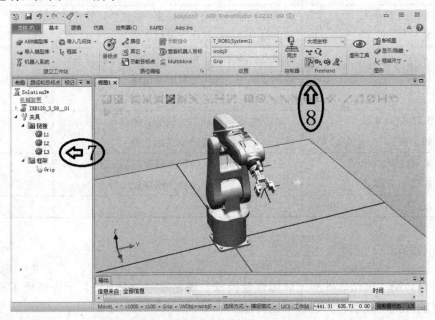

图 4-34 机器人工具查看与动作

说明:此方法所创建的工装模型只能在手动模式下进行夹紧/松开动态仿真;但在自动模式下,还需要对生成的夹具模型进行动态处理。详细内容请参考项目六"机器人工作站 3D 工装模型的动态处理"。

【考核与评价】

项目四 训练评分标准

一级指标	二级指标	分值	扣分点及扣分标准	扣分及原因	得分
训练过程(%)	1. 学习纪律	5	迟到早退一次扣 1 分;旷课一次扣 2 分;上课时间未按规定上交手机、讲小话、睡觉一次扣 1 分		
	2. 团队精神	5	不参加团队讨论一次扣 1 分;不接受团队任务安排一次扣 2 分;不配合其他成员完成团队任务一次扣 2 分		
	3. 操作规范	15	操作中,工具摆放不整齐或使用后不及时归位,一次扣 3 分;各种物料没按规定分类放置,一次扣 3 分;不遵守安全规范一次扣 10 分		
	4. 行为举止	5	随地乱吐、乱涂、乱扔垃圾等,一次扣 2 分;语言不文明一次扣 1 分		

续表

一级 指标	二级指标	分值	扣分点及扣分标准	扣分及 原因	得分
训练 结果 (%)	1. 建立简单工装模型	20	独立完成建立简单工装模型的操作,操作过程中每出现一次操作错误扣 2 分		
	2. 测量工具的使用	10	独立完成距离、角度、直径等工装模型参数的测量操作,操作过程中每出现一次操作错误扣 2 分		
	3. 创建动态机械装置	30	独立完成创建动态机械装置的操作,操作过程中每出现一次操作错误扣 3 分		
	4. 机器人与机械装置的绑定	10	独立完成机器人与机械装置的绑定操作,操作过程中每出现一次操作错误扣 2 分		
总计		100 分			

【项目小结】

本项目介绍了机器人外围工装组件建模与系统集成的一般方法,重点讲解了通过创建机械装置的方式生成动态工装模型的方法。

【作业布置】

1. 简述 RS 软件中测量工具的作用。
2. 测量过程涉及哪四个方面的内容?
3. 简述创建动态机械装置的操作步骤。

项目五　工业机器人离线编程

【项目描述】

当机器人工作站建模工作完成后，即可进行离线编程操作，以实现工作站的预定功能，还可对前期方案的可行性进行测试。编写的程序应该考虑在机器人运动时对轨迹路径、运动姿态、与外围活动工装组件(如变位机、传输链、导轨等)通信与协同、实时运动监控等方面的要求。

本项目将以一个弧焊机器人进行椭圆形轨迹焊接的应用为例，介绍离线编程条件下，机器人轨迹路径生成、运动姿态调整、实时运动监控等操作的一般方法。

【教学目标】

1. 技能目标

➤ 学会创建工件的机器人轨迹曲线；
➤ 学会生成工件的机器人轨迹曲线路径；
➤ 掌握机器人目标点调整的方法；
➤ 掌握机器人轴配置参数调整的方法；
➤ 学会完善程序并进行仿真操作；
➤ 学会机器人碰撞监控功能的使用；
➤ 学会机器人 TCP 跟踪功能的使用。

2. 素养目标

➤ 具有发现问题、分析问题、解决问题的能力；
➤ 具有高度责任心和良好的团队合作能力；
➤ 培养良好的职业素养和一定的创新意识；
➤ 养成"认真负责、精检细修、文明生产、安全生产"等良好的职业道德。

【知识准备】

一、轨迹路径

在工业机器人轨迹应用过程中，如进行切割、涂胶、焊接等时，常会需要处理一些不规则曲线。通常的做法是采用扫描点法，即根据工艺精度要求去示教相应数量的目标点，从而生成机器人的轨迹。此种方法费时、费力且不容易保证轨迹精度。图形化编程即将 3D 模型的曲线特征自动转换成机器人的运动轨迹。此方法省时、省力且容易保证轨迹精度。根据三维模型曲线特征，利用 RobotStudio 自动路径功能自动生成机器人的运动轨迹路径将更快速、方便。

二、运动姿态

机器人运动轨迹自动生成后，可能会出现机器人无法达到部分目标点姿态的现象，因而需要适当修改机器人工具在此类目标点位置时的姿态。同时机器人为了能够到达目标点，可能需要多关节轴配合，则需要调整轴配置参数，完善配置后再进行机器人的仿真运行。

三、辅助工具

机器人离线编程辅助工具主要用于在机器人模拟仿真中验证轨迹的安全可行性，比如与周边是否会发生干涉、碰撞等问题。因此在机器人轨迹生成后使用碰撞监控和 TCP 跟踪功能是非常有必要的，并需要设置醒目的预报警颜色以易于识别。

【项目实施】

一、创建离线轨迹路径

1．创建机器人运动轨迹曲线

布局机器人工作站并创建机器人系统，如图 5-1 所示。

图 5-1　布局机器人工作站并创建机器人系统

以焊枪工具 Mytool 沿着工件的外边缘进行运动，此运动轨迹为 3D 曲线，可根据现有工件的 3D 模型直接生成机器人运动轨迹，进而完成整个轨迹调试并模拟仿真运行。操作过程如下：

（1）在"建模"功能选项卡中单击"表面边界"，如图 5-2 所示。

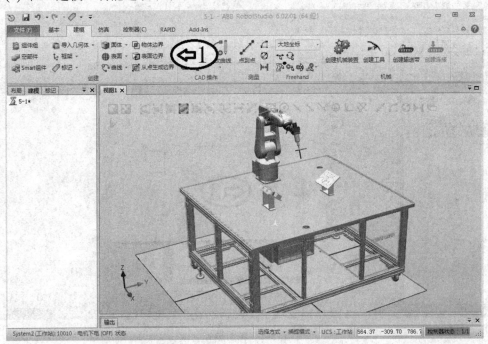

图 5-2　进入"表面边界"设置

（2）将"捕捉工具"选为"选择表面"，如图 5-3 所示。

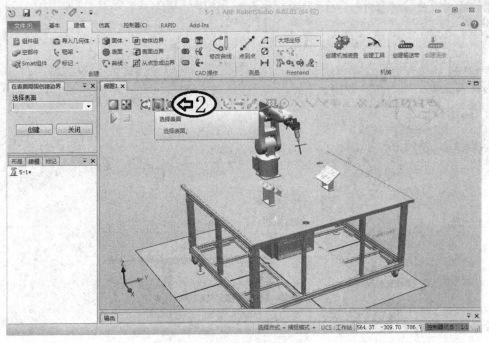

图 5-3　捕捉工具的设置

(3) 在工件表面用左键点击一下，就捕捉到相应的表面，如图 5-4 所示。

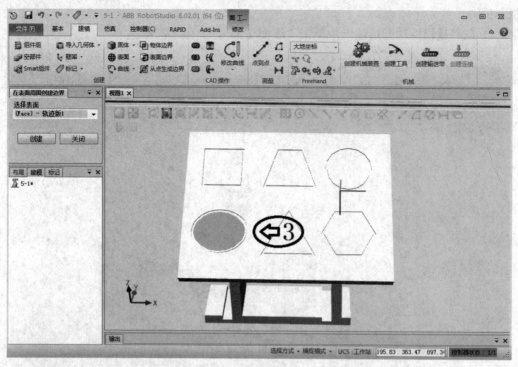

图 5-4　表面选择

(4) 单击"创建"按钮，如图 5-5 所示。

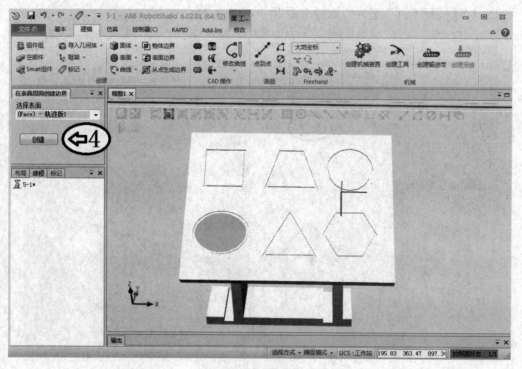

图 5-5　创建表面

生成的"部件_1"即为工件表面边界的曲线，如图5-6所示。

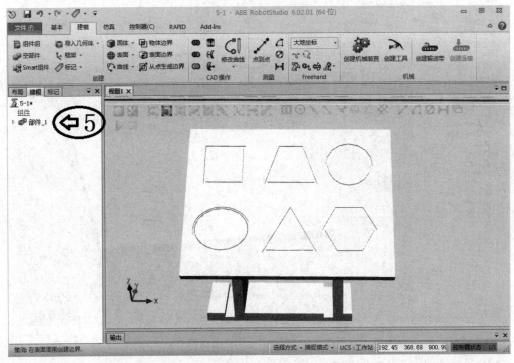

图 5-6　生成工件"表面边界"曲线

2. 生成工具运动路径

接下来，根据生成的 3D 曲线自动生成机器人的运行轨迹。在轨迹应用过程中，通常需要创建用户坐标系以方便进行编程以及路径修改。用户坐标的创建一般以加工工件的固定装置的特征为基准。创建如图 5-7 所示的用户坐标系。

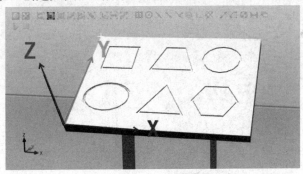

图 5-7　"用户坐标系"方位

在实际应用过程中，固定装置上面一般设有定位销，用于保证加工工件与固定装置间的相对位置精度。所以在实际应用过程中，建议以定位销为基准来创建用户坐标系，这样更容易保证其定位精度。

生成机器人工具运动路径的操作如下：

(1) 在"基本"功能选项卡中单击"其它"菜单，选择"创建工件坐标"，如图 5-8 所示，如图 5-8 所示。

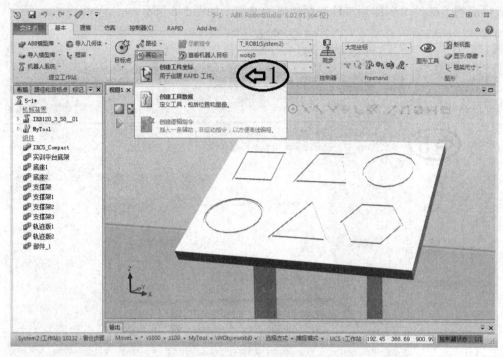

图 5-8　开始创建用户坐标系

(2) 名称修改为"WobjFixture"，如图 5-9 所示。

(3) 单击"用户坐标系框架"中的"取点创建框架"，如图 5-9 所示。

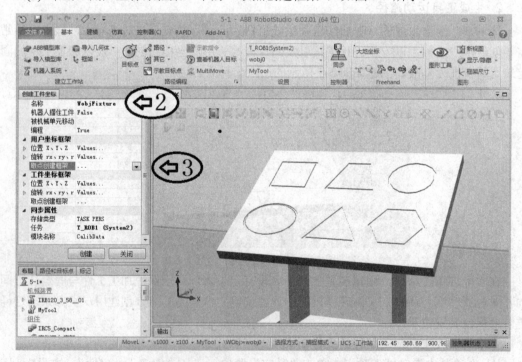

图 5-9　坐标系重命名及"取点创建框架"

(4) 选择"三点"法，依次捕捉三个点位，创建坐标系，如图 5-10 所示。

(5) 单击"Accept"，如图 5-10 所示。

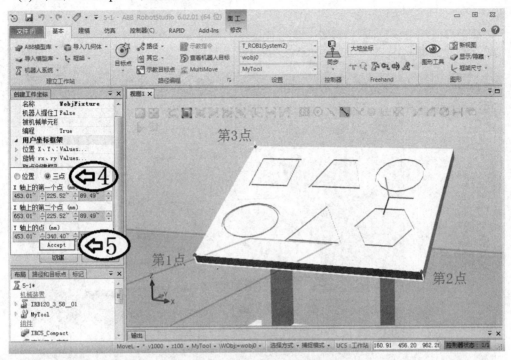

图 5-10　"三点法"创建坐标系

(6) 单击"创建"按钮，如图 5-11 所示。

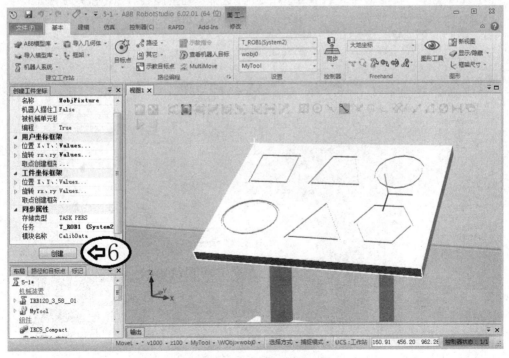

图 5-11　坐标系生成

(7) 工件坐标设为"WorbjFixture"，工具设为"MyTool"，如图 5-12 所示。

(8) 设定运动指令参数为"MoveL v200 fine MyTool,\Wobj :=WobjFixture"，如图 5-12 所示。

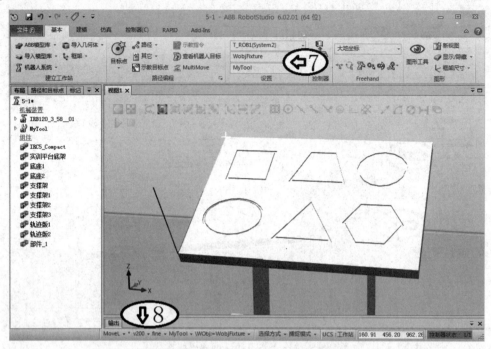

图 5-12　编程前坐标系及运动指令参数设置

(9) 在"基本"功能选项卡中单击"路径"，选择"自动路径"，如图 5-13 所示。

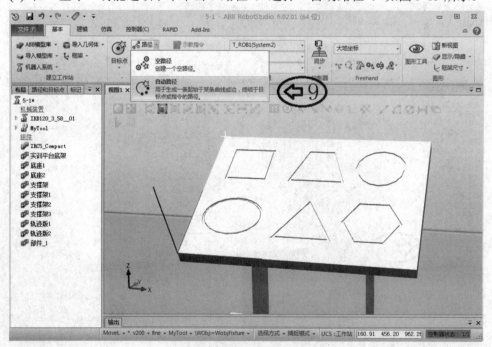

图 5-13　"自动路径"选择

(10) 选择捕捉工具："选择曲线"、"捕捉边缘"，如图 5-14 所示。

(11) 捕捉之前所创建的曲线(分别捕捉两条曲线，点击图 5-14 中两种颜色的曲线)。

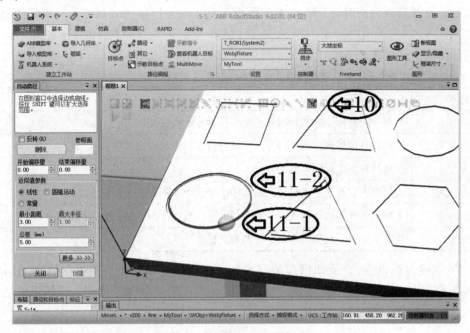

图 5-14 捕捉工件上表面曲线

(12) 选择捕捉工具："选择表面"，如图 5-15 所示。

(13) 在"参照面"框中单击一下，如图 5-15 所示。

(14) 捕捉之前创建在工件上的表面(点击如图 5-15 所示椭圆的中间)。

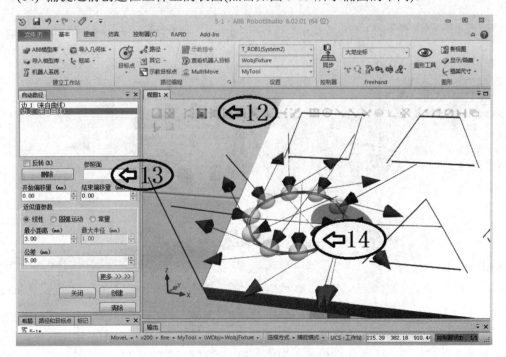

图 5-15 捕捉工件上表面

注：在图 5-15 所示的"自动路径"选项框中，反转用于轨迹运动方向置反，默认为顺时针运行，反转后则为逆时针运行；参照面用于将生成的目标点 Z 轴方向与选定表面处于垂直状态。

近似值参数说明见表 5-1。

表 5-1　近似值参数说明

选项	功 能 说 明
线性	为每一个目标生成线性指令，圆弧作为分段线性处理
圆弧运动	在圆弧特征处生成圆弧指令，在线性特征处生成线性指令
常量	生成具有恒定间隔距离的点
最小距离	设置两生成点之间的最小距离，即小于该最小距离的点将被过滤掉
最大半径	在将圆弧视为直线前确定圆的半径大小，直线视为半径无限大的圆
公差	设置生成点所允许的几何描述的最大偏差

(15) 完成参数设定："近似值参数"设为"圆弧运动"，"最小距离"设为"1 mm"，"最大半径"设为"10 mm"，"公差"设为"5 mm"；然后单击"创建"按钮，如图 5-16 所示。

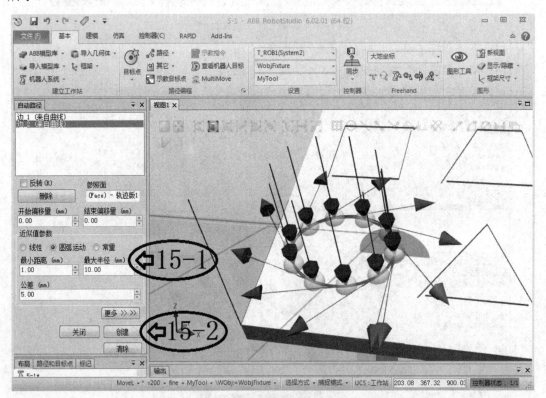

图 5-16　参数设置及创建

设定完成后，则自动生成机器人路径 Path_10，如图 5-17 所示。在后续工作中，还需要对此路径进行处理，并转换成机器人程序代码，完成机器人轨迹程序的编写。

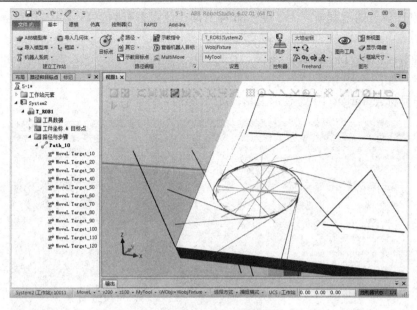

图 5-17 自动生成机器人路径

二、机器人运动姿态的调整

1. 机器人目标点调整

首先来查看一下路径 Path_10 中自动生成的目标点。

(1) 在"基本"功能选项卡中单击"路径和目标点"选项卡，如图 5-18 所示。

(2) 依次展开"T_ROB1"—"工件坐标&目标点"—"WobjFixture"—"WobjFiXture_of"，即可看到自动生成的各个目标点，如图 5-18 所示。

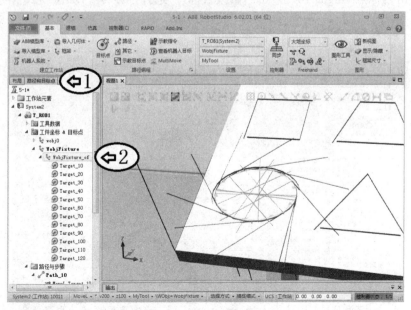

图 5-18 查看已有目标点

在调整目标点的过程中，为了便于查看工具在此姿态下的效果，可以在目标点位置显示工具。

(3) 右击目标点 Target_10，选择"查看目标点处工具"，勾选本工作站中的工具名称"MyTool"，如图 5-19 所示。

(4) 在目标点 Target_10 处显示工具，如图 5-19 所示。

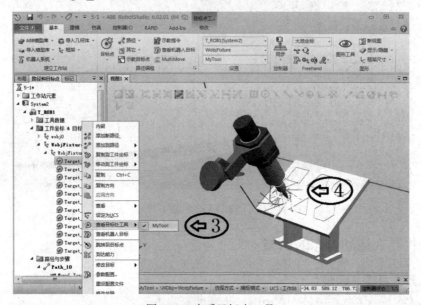

图 5-19　查看目标点工具

图 5-19 所示目标点 Target_10 处的工具姿态，机器人难以达到该目标点，此时可以改变一下该目标点处的工具姿态，从而使机器人能够到达该目标点。

(5) 右击目标点 Target_10，单击"修改目标"，选择"旋转"，如图 5-20 所示。

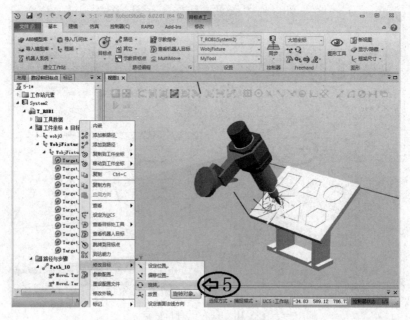

图 5-20　修改目标点

在该目标点处，只需使该目标点围绕其本身的 Z 轴旋转 45° 即可。

(6) "参考"选择"本地"，即参考目标点本身 X、Y、Z 方向，如图 5-21 所示。

(7) 勾选"Z"，输入"45"，单击"应用"按钮，如图 5-21 所示。

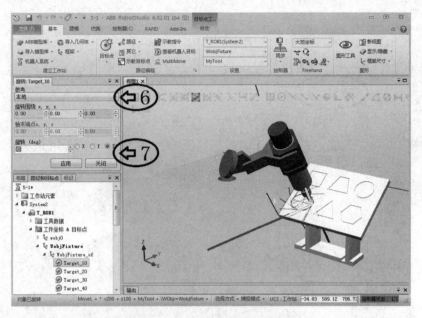

图 5-21　目标点 Z 轴坐标旋转

接下来修改其他目标点，在处理大量目标点时，可以批量处理。在本项目中，当前自动生成的目标点的 Z 轴方向均为工件表面的法线方向，此处 Z 轴无需再做更改。通过上述步骤中目标点 Target_10 的调整结果可得知，只需调整各目标点的 X 轴方向即可。利用键盘 Shift 以及鼠标左键，选中剩下的所有目标点，然后进行统一调整。

(8) 选中剩余未修改的目标点，单击右键选择"修改目标"中的"对准目标点方向"，如图 5-22 所示。

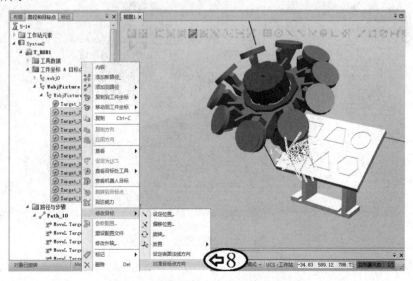

图 5-22　剩余目标点姿态调整方式选择

(9) 单击"参考"框，单击目标点"Target_10"，如图 5-23 所示。

(10) 将"对准轴"设为"X"，"锁定轴"设为"Z"，单击"应用"按钮，如图 5-23 所示。

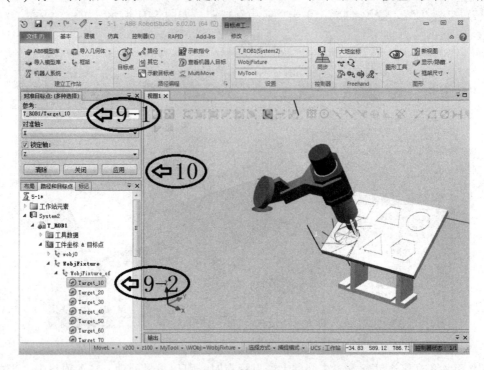

图 5-23　剩余目标点复制 Target_10 姿态

这样就将剩余所有目标点的 X 轴方向对准了已调整好姿态的目标点 Target_10 的 X 轴方向。选中所有目标点，即可查看到所有的目标点方向已调整完成，如图 5-24 所示。

图 5-24　全目标点修改后的效果

2. 轴配置参数调整

机器人到达目标点，可能存在多种关节轴组合的情况。此时，就需要为自动生成的目标点调整轴配置参数，操作过程如下：

(1) 右击目标点 Target_10，单击"参数配置"，如图 5-25 所示。

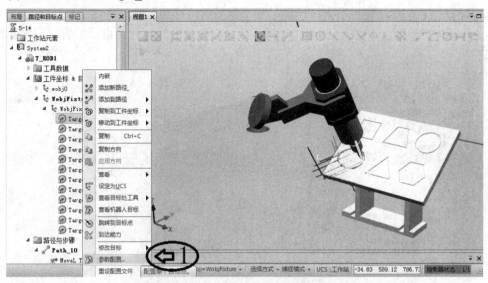

图 5-25　单目标点轴参数设置

(2) 选择合适的轴配置参数，单击"应用"按钮，如图 5-26 所示。

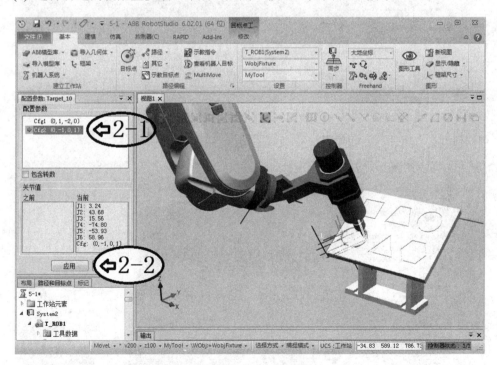

图 5-26　自定义配置

说明：若机器人能够达到当前目标点，则在轴配置参数列表中可以看到该目标点的轴配置参数，图 5-26 中的 Cfg1 和 Cfg2 分别表示机器人到达该目标点的两种姿态。选择轴配置参数时，可查看"关节值"中各关节轴旋转的度数，尽量选择各关节总体运动幅度小的一组，即选择数值的绝对值小的一组较佳。

在路径属性中，首先为所有目标点自动调整轴配置参数，则机器人为各个目标点自动匹配轴配置参数，然后让机器人按照运动指令运行，观察机器人运动。

(3) 展开"路径"，右击"Path_10"，选择"配置参数"中的"自动配置"，如图 5-27所示。

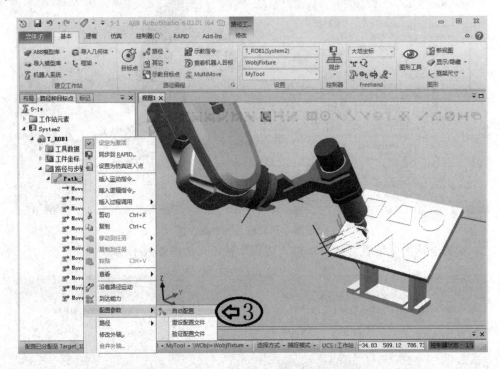

图 5-27　全路径目标点自动配置

(4) 右击"Path_10"，选择"沿着路径运动"，如图 5-28 所示。

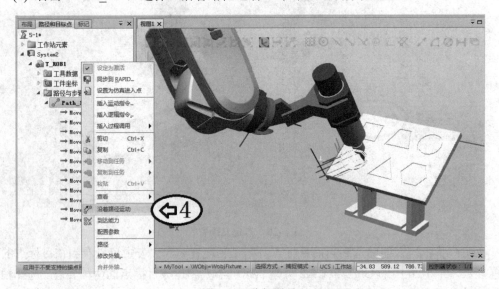

图 5-28　路径展示

3. 完善程序并仿真运行

轨迹完成后，需要完善一下程序，以及添加轨迹起始接近点、轨迹结束离开点以及安全位置 HOME 点，具体过程如下：

起始接近点 pApproach，相对于起始点 Target_10 来说只是沿其本身 Z 轴负方向偏移一定距离。

(1) 右击"Target_10"，选择"复制"，如图 5-29 所示。

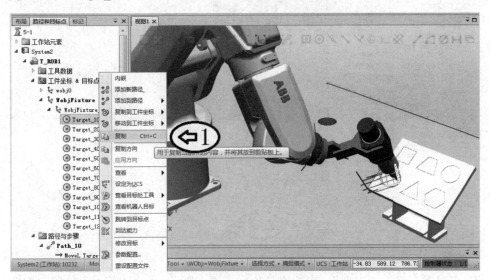

图 5-29　复制起始点 Target_10

(2) 右击工件坐标系"WobjFixture"，选择"粘贴"，如图 5-30 所示。

(3) 将"Target_10_2"重命名为"pApproach"，如图 5-30 所示。

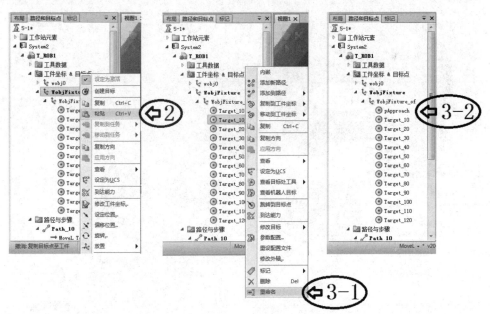

图 5-30　粘贴形成新目标点并重命名

(4) 右击"pApproach",选择"修改目标"中的"偏移位置",如图 5-31 所示。

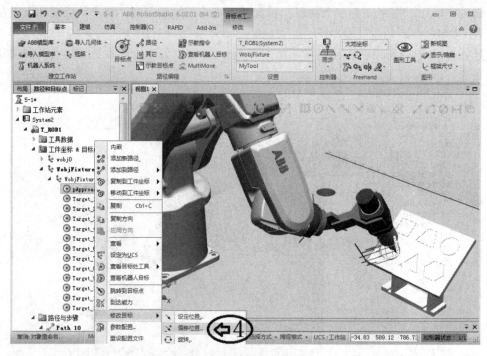

图 5-31　调整新目标点位置

(5) "参考"设为"本地",转换的 Z 值输入"-100",单击"应用"按钮,如图 5-32 所示。

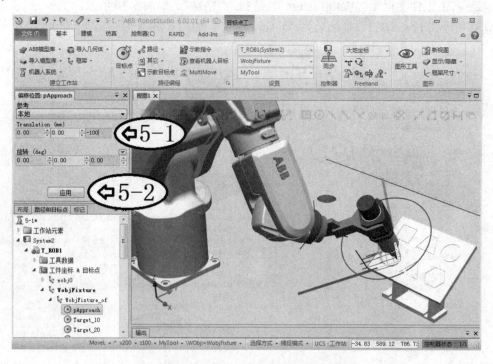

图 5-32　起始接近点 pApproach 坐标修订

(6) 右击"pApproach",选择"参数配置",如图 5-33 所示。

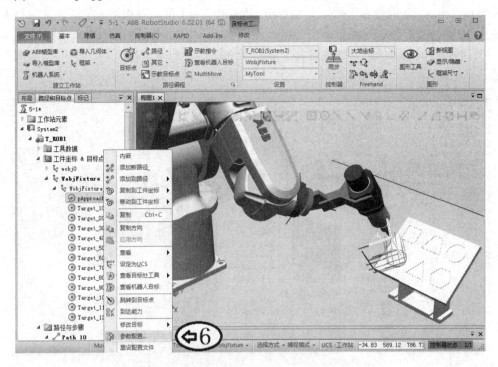

图 5-33 起始接近点 pApproach 参数配置

(7) 选择合适的轴配置参数,单击"应用"按钮,如图 5-34 所示。

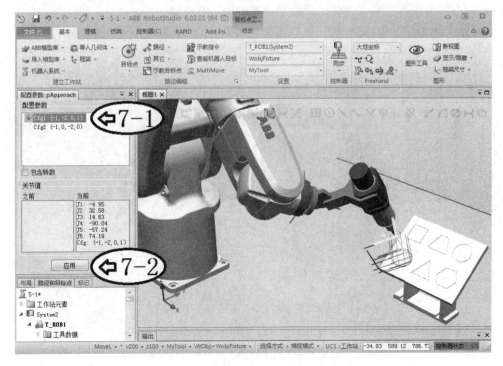

图 5-34 参数配置的选择与应用

说明：起始接近点 pApproach 配置参数的选择，应使机器人在起始接近点 pApproach 与起始点 Target_10 的姿态一致，分别点击 Cfg1 和 Cfg2 可观察机器人的姿态。机器人在起始点 Target_10 的姿态可通过右击 Target_10，再选择"跳转到目标点"来观察。

(8) 右击"pApproach"，依次选择"添加到路径"—"Path_10"—"第一"，如图 5-35 所示。

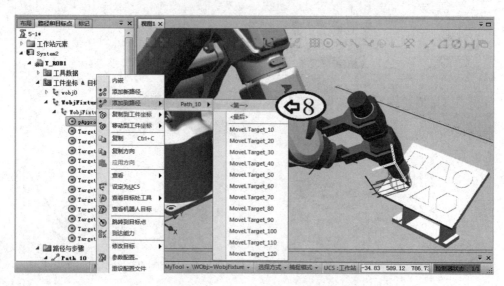

图 5-35　将起始接近点 pApproach 放入路径第一行

接着添加轨迹结束离开点 pDepart。参考上述步骤，复制轨迹的最后一个目标点"Target_120"，并进行偏移调整后，添加至 Path_10 的最后一行。

(9) 参考起始接近点"pApproach"的操作步骤，添加结束离开点"pDepart"，如图 5-36 所示。

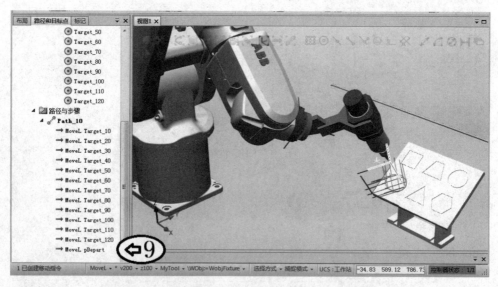

图 5-36　生成结束离开点 pDepart 并添加到路径最后一行

然后添加安全位置 HOME 点 pHome，为机器人示教一个安全位置点。此处作简化处理，直接将机器人默认原点位置设为 HOME 点。

(10) 在"基本"功能选项卡的"布局"中右击机器人"IRB120_3_58_01"，选择"回到机械原点"，如图 5-37 所示。

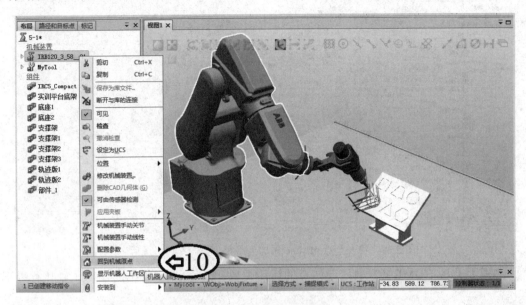

图 5-37　机器人回到机械原点

HOME 点一般在 Wobj0 坐标系(基坐标系)中创建。

(11) 工件坐标选择"Wobj0"，如图 5-38 所示。

(12) 单击"示教目标点"，如图 5-38 所示。

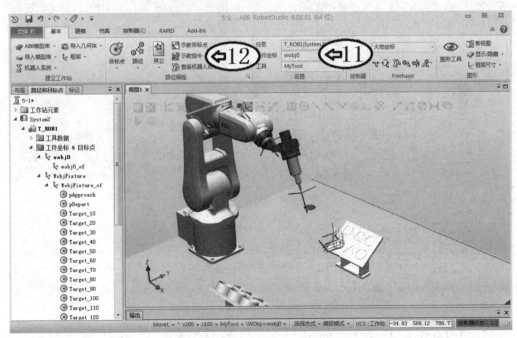

图 5-38　使用示教方法保存"机械原点"坐标

(13) 将"Target_130"重命名为"pHome", 然后右击"pHome", 依次选择"添加到路径" —"Path_10" —"第一", 然后重复刚才的步骤, 添加至"最后", 如图 5-39 所示。

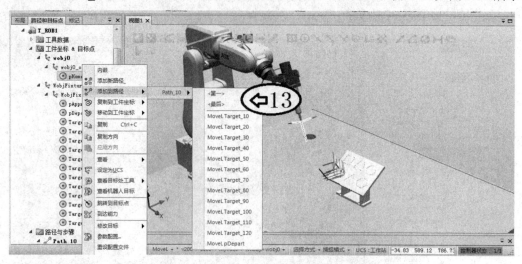

图 5-39　将安全点 pHome 添加到路径"第一"和"最后"

若需要修改 HOME 点、轨迹起始点的运动类型、速度、转弯半径等参数, 则执行以下操作。

(14) 在"Path_10"中右击"MoveL pHome"选择"编辑指令", 如图 5-40 所示。

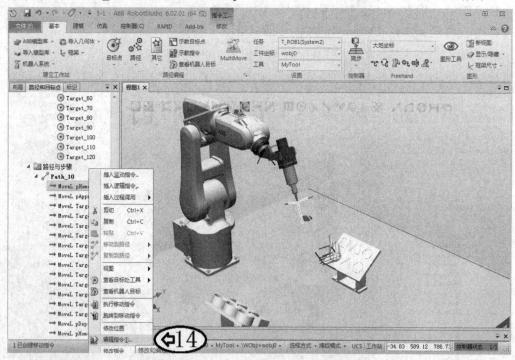

图 5-40　pHome 点的运动参数修改

(15) 将"动作类型"改为"Joint", "Speed"改为"v500", "Zone"改为"fine", 最后再点击"应用"按钮, 如图 5-41 所示。

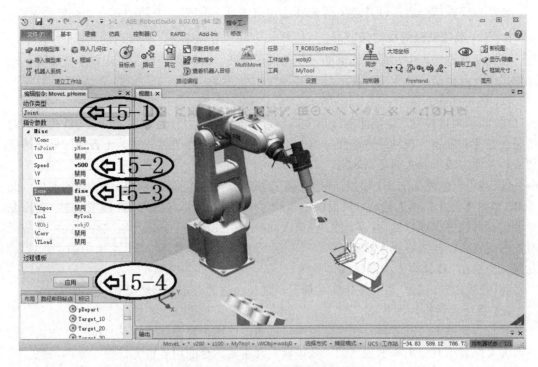

图 5-41 pHome 点的运动参数设置

(16) 按照上述步骤及同样的设置更改轨迹起始点处的运动参数，其结果如图 5-42 所示。

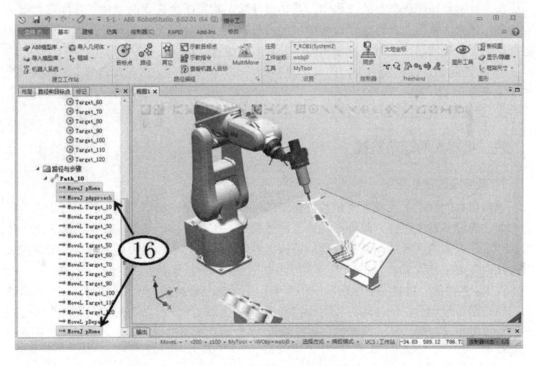

图 5-42 参数修改后的结果

轨迹程序编辑好后，可"同步到 RAPID"再仿真"播放"，查看机器人运动轨迹路线。

4. 关于离线轨迹编程的关键点

在离线轨迹编程中，最为关键的三步是图形曲线、目标点调整、轴配置参数调整，在此作以下几点说明：

(1) 图形曲线。

① 除了本项目中"先创建曲线再生成轨迹"的方法外，还可以直接捕捉 3D 模型的边缘进行轨迹的创建。在创建自动路径时，不需要先创建表面边界曲线，可直接用鼠标捕捉边缘，从而生成机器人的运动轨迹。

② 对于一些复杂的 3D 模型，导入 RS 中后，其某些特征可能会出现丢失的现象，此外 RS 软件专注于机器人运动，只提供基本的建模功能，所以在导入 3D 模型之前，建议在专业的制图软件中进行处理，可以在模型表面绘制相关曲线，导入 RS 软件后，将这些已有的曲线直接转换成机器人轨迹。例如，利用 SolidWorks 软件"特征"菜单中的"分割线"功能就能够在 3D 模型上面创建实体曲线。

③ 在生成轨迹时，需要根据实际情况，选择合适的近似值参数并调整数据大小。

(2) 目标点调整。

目标点调整方法有多种，在实际应用过程中，使用一种方法难以使目标点一次调整到位，尤其是对工具姿态要求较高的工艺场合，通常是综合应用多种方法进行多次调整。建议在调整过程中先对单一目标点进行调整，反复尝试调整完成后，其他目标点某些属性可以参考调整好的第一个目标点进行方向对准。

(3) 轴配置参数调整。

在为目标点轴配置参数的过程中，若轨迹较长，则可能会遇到两个相邻目标点之间轴参数变化过大，从而在轨迹运行过程中出现"机器人当前位置无法跳转到目标点位置，请检查轴配置"等问题，此时可以使用以下几种方法进行更改：

① 轨迹起始点尝试使用不同的轴配置参数，如有需要可勾选"包含转数"之后再选择轴配置参数。

② 尝试更改轨迹起始点位置。

三、机器人的运动监控

1. 机器人碰撞监控

模拟仿真的一个重要任务就是验证轨迹的可行性，即验证机器人在运行的过程中是否会与周边的设备发生碰撞。此外在轨迹应用过程中，例如焊接、切割等，机器人工具实体尖端与工件表面的距离需保证在合理的范围之内，即不能与工件发生碰撞，也不能距离过大，从而保证工艺需求。

在 RS 软件的"仿真"功能选项卡中有专门用于检测碰撞的功能"碰撞监控"。当机器人沿轨迹路径运动时，此功能可以用于监控机器人工具与工件对象之间的距离，当两者距离过近而发生碰撞时，显示设置的"碰撞颜色"；当两者距离过远时，显示设置的"接近丢失颜色"。

使用碰撞监控功能的操作步骤如下：

（1）在"仿真"功能选项卡中单击"创建碰撞监控"，生成"碰撞检测设定_1"，如图5-43所示。

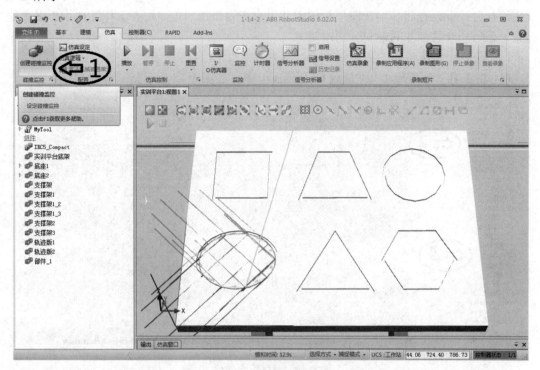

图 5-43　创建碰撞监控

（2）展开"碰撞检测设定_1"，显示"ObjectsA"和"ObjectsB"，如图 5-44 所示。

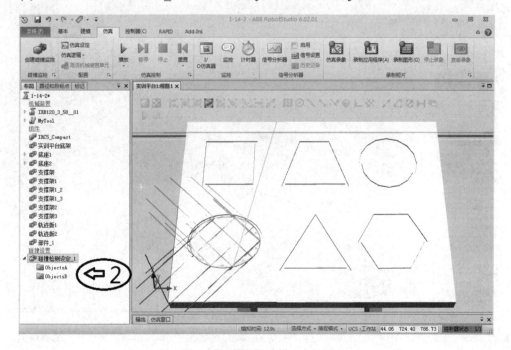

图 5-44　碰撞集对象 A、B 组

说明：碰撞集包含了 ObjectsA、ObjectsB 两组对象，我们需要将检测的对象放入到两组中，从而检测两组中的对象之间的碰撞。当 ObjectsA 内任何对象与 ObjectsB 内任何对象发生碰撞时，此碰撞将显示在图形视图中并记录在输出窗口内。可在工作站内设置多个碰撞集，但每一个碰撞集只能包含两组对象。

(3) 将工具"MyTool"拖放到 ObjectsA 组中，如图 5-45 所示。

(4) 将工具"轨迹版 1"拖放到 ObjectsB 组中，如图 5-45 所示。

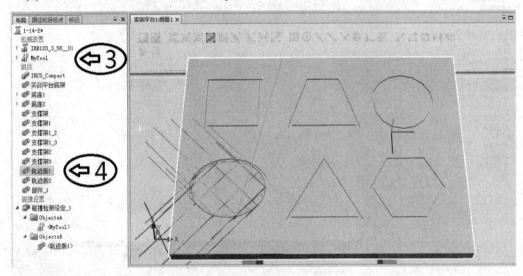

图 5-45　对象组实例化

(5) 右击"碰撞检测设定_1"，选择"修改碰撞监控"，如图 5-46 所示。

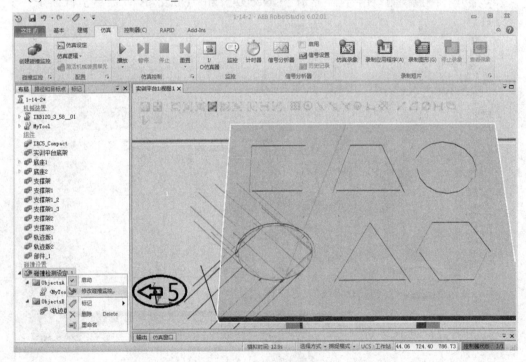

图 5-46　进入碰撞设置

接下来，需要使用如图 5-47 所示的"修改碰撞设置：碰撞检测设定_1"对话框进行碰撞检测参数设置。

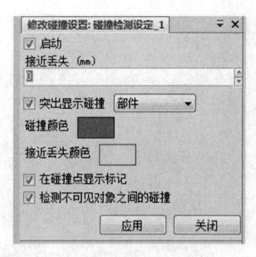

图 5-47　碰撞检测参数设置

接近丢失：当选择的两组对象之间距离小于该数值时，将以对应颜色显示。

碰撞：当选择的两组对象之间发生了碰撞时，将以对应颜色显示。

在此处先暂时不设定接近丢失数据，碰撞颜色默认为红色，然后可以利用手动拖动的方式，拖动机器人工具与工件发生碰撞，查看一下碰撞监控效果。

(6) 在"基本"功能选项卡的"Freedhand"中选中"手动线性"，如图 5-48 所示。

(7) 单击工具末端，出现框架则可线性拖动，如图 5-48 所示。

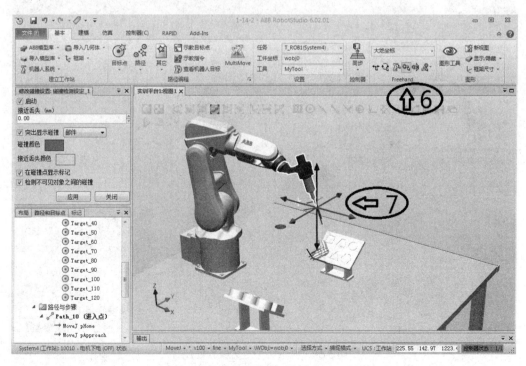

图 5-48　"手动线性"方式拖动工具

(8) 拖动工具与工件轨迹板发生碰撞时，将以颜色显示，并且在输出框中显示相关碰撞信息，如图 5-49 所示。

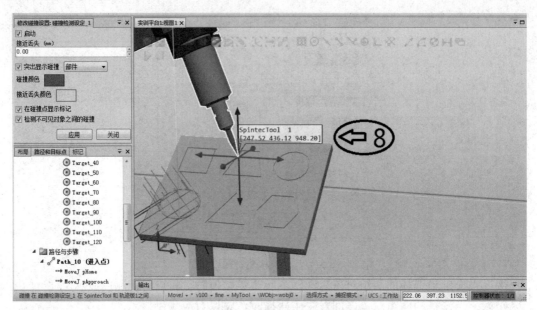

图 5-49　拖动鼠标并观察碰撞情况

(9) 机器人回到原点位置，"接近丢失"距离设定为 6 mm，"接近丢失颜色"默认黄色，单击"应用"按钮，如图 5-50 所示。

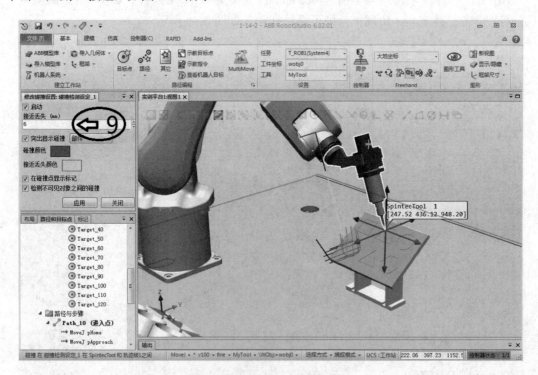

图 5-50　接近丢失距离参数设置

(10) 执行仿真，当机器人沿轨迹路径运动时，如果工具和工件的距离过远，则显示黄色，如图 5-51 所示。

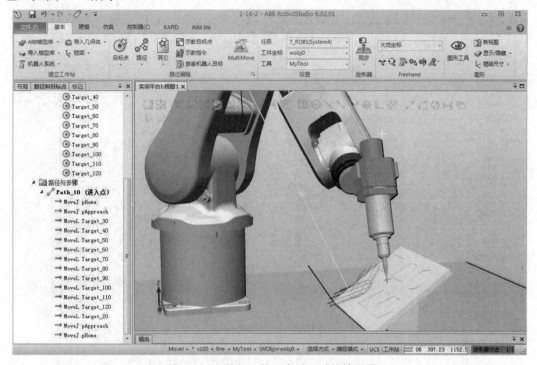

图 5-51 工具与工件距离过远时的效果图

2. 机器人 TCP 跟踪

在机器人运行过程中，可以监控 TCP 的运动轨迹以及运动速度，以便分析利用。为了便于观察，先将之前的碰撞功能关闭，使用过程如下：

(1) 右击"碰撞检测设定_1"，单击"修改碰撞监控"，在弹出的如图 5-52 所示的对话框中取消勾选"启动"，单击"应用"按钮。

图 5-52 关闭碰撞监控

(2) 单击"仿真"功能选项卡中的"监控",如图 5-53 所示。

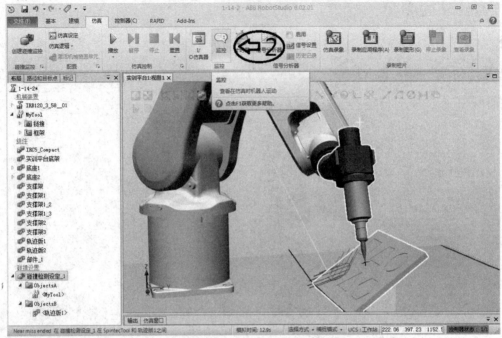

图 5-53　开启仿真监控

仿真监控对话框如图 5-54 所示。

图 5-54　仿真监控设置

"TCP 跟踪"选项卡说明如表 5-2 所示。

表 5-2　"TCP 跟踪"选项卡功能说明

选　项	功　能　说　明
使用 TCP 跟踪	选中此复选框可对选定机器人的 TCP 路径启动跟踪
跟踪长度	指定最大轨迹长度(以毫米为单位)
追踪轨迹颜色	当未启用任何警告时显示跟踪颜色。若要更改提示颜色,则可单击彩色框选择
提示颜色	当"警告"选项卡上定义的任何警告超过临界值时,显示跟踪的颜色。若要更改提示颜色,则可单击彩色框选择
清除轨迹	单击此按钮可从图形窗口中删除当前跟踪轨迹线

"警告"选项卡说明如表 5-3 所示。

表 5-3　"警告"选项卡功能说明

选　项	功　能　说　明
使用仿真提醒	选中此复选框可对选定机器人的仿真进行提醒
在输出窗口显示提示信息	选中此复选框可在超过临界值时查看警告消息
TCP 速度	指定 TCP 速度警告的临界值
TCP 加速度	指定 TCP 加速度警告的临界值
手腕奇异点	指定在发出警报之前关节点与零点旋转的接近程度
关节限值	指定在发出警报之前每个关节与其限值的接近程度

为了便于观察 TCP 轨迹，此处先将工作站的路径和目标点隐藏。

(3) 在"基本"功能选项卡中单击"显示/隐藏"，取消勾选"全部目标点/框架"和"全部路径"，如图 5-55 所示。

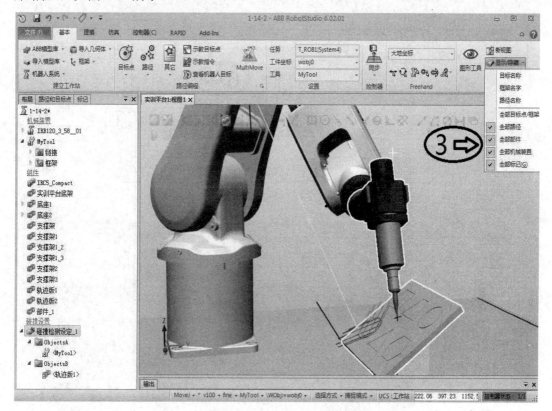

图 5-55　路径与目标点的隐藏

(4) 勾选"使用 TCP 跟踪"，"跟踪长度"设为 10000 mm，如图 5-56 所示。

(5) "追踪轨迹颜色"设定为黄色，"提示颜色"设定为红色，单击"确定"按钮，如图 5-56 所示。

(6) 勾选"使用仿真提醒"，并把"TCP 速度"设为 350 mm/s，单击"确定"按钮，如图 5-57 所示。

(7) 在"仿真"功能选项卡中单击"播放"，如图 5-58 所示。

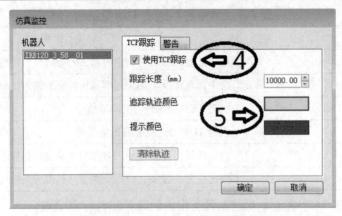

图 5-56　　"TCP 跟踪"设置

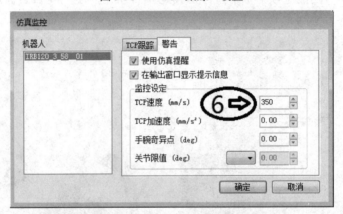

图 5-57　　"警告"设置

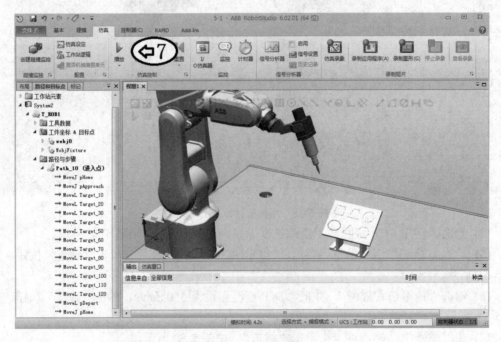

图 5-58　仿真播放

(8) 此时开始记录机器人运行轨迹，并监控机器人运行速度是否超出限值，如图 5-59 所示。

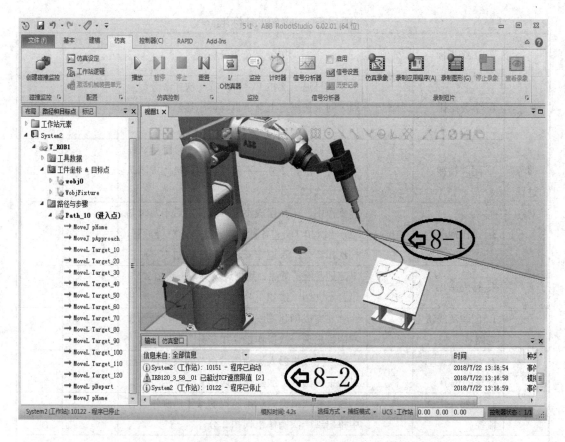

图 5-59　仿真运行及分析

(9) 单击"消除轨迹"按钮，即可将记录的轨迹消除，如图 5-60 所示。

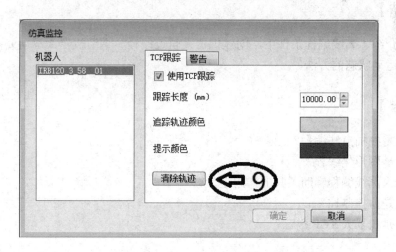

图 5-60　已记录的轨迹清除

【考核与评价】

项目五　训练评分标准

一级指标	二级指标	分值	扣分点及扣分标准	扣分及原因	得分
训练过程(%)	1. 学习纪律	5	迟到早退一次扣1分；旷课一次扣2分；上课时间未按规定上交手机、讲小话、睡觉一次扣1分		
	2. 团队精神	5	不参加团队讨论一次扣1分；不接受团队任务安排一次扣2分；不配合其他成员完成团队任务一次扣2分		
	3. 操作规范	15	操作中，工具摆放不整齐或使用后不及时归位，一次扣3分；各种物料没按规定分类放置，一次扣3分；不遵守安全规范一次扣10分		
	4. 行为举止	5	随地乱吐、乱涂、乱扔垃圾等，一次扣2分；语言不文明一次扣1分		
训练结果(%)	1. 创建离线轨迹路径	30	独立完成创建离线轨迹路径的操作，操作过程中每出现一次操作错误扣2分		
	2. 机器人运动姿态的调节	20	独立完成机器人运动姿态调节的操作，操作过程中每出现一次操作错误扣2分		
	3. 机器人运动监控	20	独立完成机器人运动监控的操作，操作过程中每出现一次操作错误扣2分		
总计		100分			

【项目小结】

本项目介绍了离线编程条件下，创建机器人轨迹路径、调节机器人运动姿态以及实时监控机器人运动状态的方法。

【作业布置】

1. 什么是扫描点法编程？
2. 什么是图形化编程？
3. 机器人离线编程辅助工具的作用是什么？
4. 什么是碰撞监控？
5. 什么是机器人 TCP 跟踪？

项目六　机器人工作站 3D 工装

模型的动态处理

【项目描述】

在实际的工业应用中，很多机器人工作站的工装组件自身是可活动件，如机器人夹具、工件载具等。所以在仿真条件下，需要对此类工装模型进行动态处理，并保证其与机器人动作的同步。

本项目将以一个包含输送链的码垛工作站为例，介绍离线编程条件下，应用 Smart 组件创建输送链和机器人夹具等动态工装模型的方法，以及与机器人动作同步的方法。

【教学目标】

1. 技能目标

➤ 学会使用 Smart 组件创建动态输送链的方法；
➤ 学会使用 Smart 组件创建动态夹具的方法；
➤ 了解各类 Smart 子组件；
➤ 掌握工作站逻辑设定的方法；
➤ 学会完善程序并仿真调试的方法。

2. 素养目标

➤ 具有发现问题、分析问题、解决问题的能力；
➤ 具有高度责任心和良好的团队合作能力；
➤ 培养良好的职业素养和一定的创新意识；
➤ 养成"认真负责、精检细修、文明生产、安全生产"等良好的职业道德。

【知识准备】

一、输送链的动态效果

在包含输送链的码垛仿真工作站中，创建一个拥有动态属性的 Smart 输送链是重要的要求之一。Smart 组件输送链动态效果包含：输送链前端自动生成产品、产品随着输送链向前运动、产品到达输送链末端后停止运动、产品被移走后输送链前端再次生成产品等，依此循环。

二、机器人夹具的动态效果

在包含输送链的码垛仿真工作站中，实现机器人夹具的动态效果是另一重要的要求。可以设计一个拥有动态属性的 Smart 吸盘类夹具来对工件进行码垛，夹具的动态效果包含：在输送链末端拾取产品、在放置位置释放产品、自动置位复位真空反馈信号。

三、Smart 组件与机器人的同步设置

同步设置的主要作用是将 Smart 组件的输入/输出信号与机器人端的输入/输出信号作信号关联，使 Smart 组件的输出信号作为机器人端的输入信号，机器人端的输出信号作为 Smart 组件的输入信号，此时就可以将 Smart 组件当作一个与机器人进行 I/O 通信的一个独立的逻辑控制器(如 PLC)来看待。

四、Smart 组件说明

RS 软件提供了一系列的 Smart 组件，它是能够完成某种功能并且向外提供若干个使用这种功能的接口的可重用代码集，是一种使工装模型实现动画效果的高效工具。

Smart 组件主要由以下子组件组成：信号与属性、参数与建模、传感器、动作、本体、其他。

【项目实施】

一、动态输送链的实现

1. 设定输送链的产品源(Source)

设定输送链的产品源的操作过程如下：

(1) 布局输送链工作站。如图 6-1 所示，在"零件"文件夹下的"库文件"中，布局所需的"实训平台底架"、"码垛-堆放平台 1"、"码垛-输送链 1"、"码垛工件 1"及"夹具"。

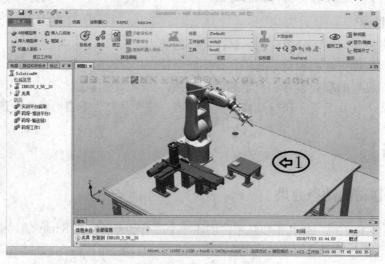

图 6-1　布局机器人工作站

(2) 在"建模"功能选项卡中单击"Smart 组件"，新建"Smart 组件"，如图 6-2 所示。

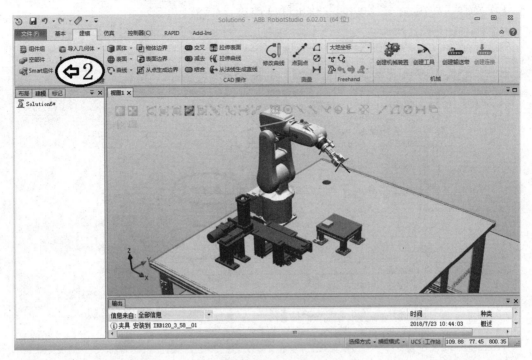

图 6-2　新建 Smart 组件

(3) 右击该组件，将其重命名为"SC_InFeeder"，如图 6-3 所示。

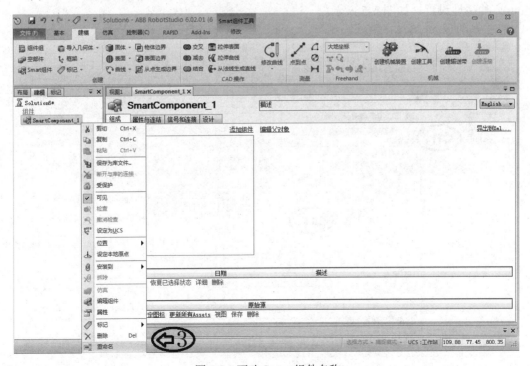

图 6-3　更改 Smart 组件名称

(4) 单击"添加组件",如图 6-4 所示。

(5) 选择"动作"—"Source",如图 6-4 所示。

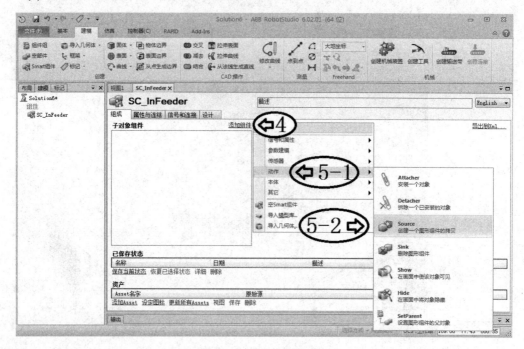

图 6-4　添加子组件"Source"(产品源)

(6) 在左侧"建模"选项卡下双击"Source",或右击"Source"选择"属性",进入 Source 的属性设置,如图 6-5 所示。

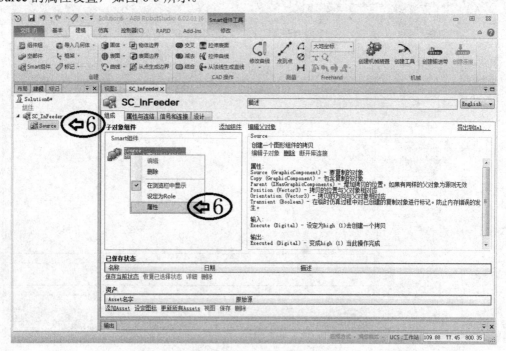

图 6-5　进入 Source 的属性设置

（7）"Source"栏选择"码垛工件 1"，即产品源为"码垛工件 1"，如图 6-6 所示。

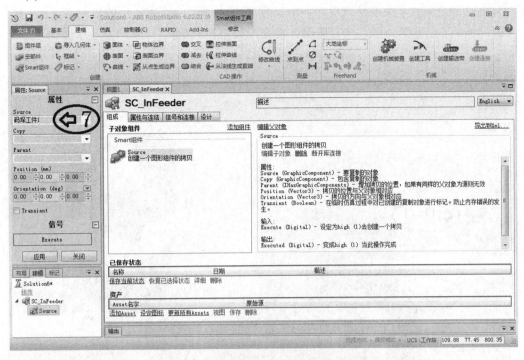

图 6-6　设置"Source"属性中的产品源

（8）设置位置"Position(mm)"下的坐标：进入"视图 1"，用"捕捉中点"在传送链上捕捉复制点的坐标，如图 6-7 所示。

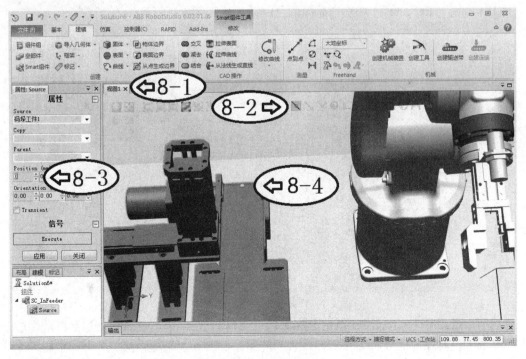

图 6-7　捕捉复制点的坐标

注：由于复制"码垛工件 1"时，不是以复制品中心出现在刚才捕捉点位置，因此需要对复制品向左偏移半个产品宽度，而产品宽度为 50 mm，故对 Y 轴值要左移–25 mm。

(9) 修改 Y 轴值后，再点击"应用"按钮，如图 6-8 所示。

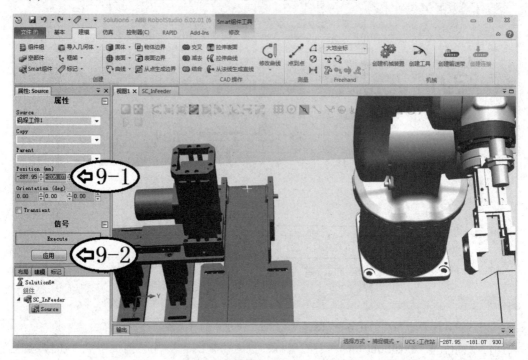

图 6-8　修改复制点的坐标及应用

(10) 点击"Execute"，观察产品源的复制效果，如图 6-9 所示。

图 6-9　产品源执行后的复制效果

说明：子组件 Source 用于设定产品源，每当触发一次 Source 执行，都会自动生成一个产品源的复制品。此处将码垛工件 1 设为产品源，则每次触发后都会产生一个码垛工件 1 的复制品。

2. 设定输送链的运动属性

设定输送链的运动属性的操作过程如下：

(1) 单击"添加组件"，选择"其它"选项列表中的"Queue"(队列)，如图 6-10 所示。

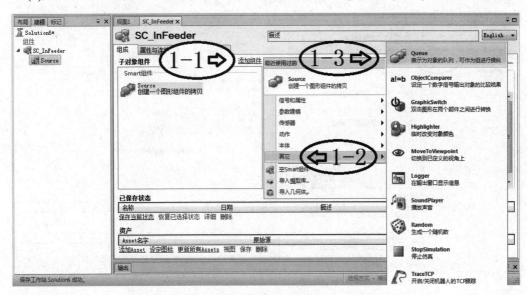

图 6-10　添加子组件"Queue"(队列)

说明：子组件"Queue"可以将同类型物体作队列处理，此处"Queue"不需要设置其属性。

(2) 单击"添加组件"，选择"本体"列表中"LinearMover"(线性运动)，增加线性运动组件，如图 6-11 所示。

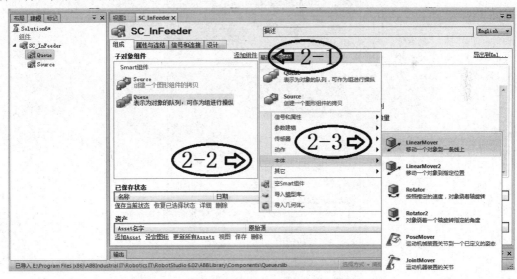

图 6-11　添加子组件"LinearMover"(线性运动)

(3) 在左侧"建模"选项卡下双击"LinearMover"，或右击"LinearMover"选择"属性"，进入 LinearMover 的属性设置，如图 6-12 所示。

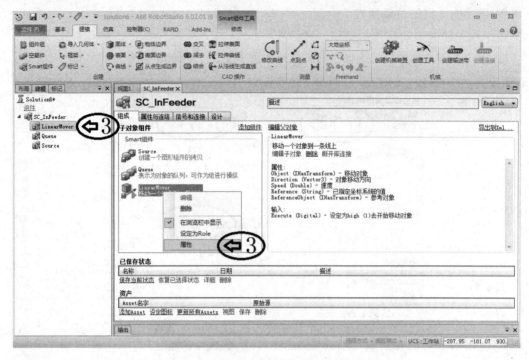

图 6-12　进入 LinearMover 的属性设置

(4) Linear Mover 属性设置如下："Object"选为"SC_InFeeder/ Queue","Direction"中第一项设为 1000 mm,"Speed"设为 300 mm/s,"Execute"设为 1,设置好后单击"应用"按钮,如图 6-13 所示。

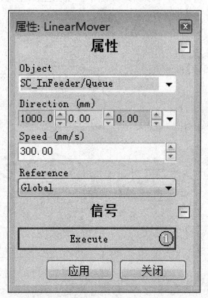

图 6-13　LinearMover 属性设置

说明:子组件 LinearMover 的运动属性包含运动物体、运动方向、运动速度、参考坐标系等。此处将之前设定的 Queue 设为运动物体,运动方向为大地坐标的 X 轴正方向 1000.00 mm,速度为 300 mm/s,将 Execute 设置为 1,则该运动处于一直执行的状态。

3. 设定输送链限位传感器

设定输送链限位传感器的操作过程如下：

(1) 单击"添加组件"，选择"传感器"列表中的"PlaneSensor"(面传感器)，如图 6-14 所示。

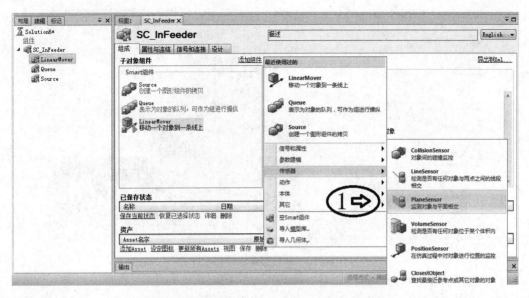

图 6-14　添加子组件"PlaneSensor"(面传感器)

(2) 在左侧"建模"选项卡下双击"PlaneSensor"，或右击"PlaneSensor"选择"属性"，进入 PlaneSensor 的属性设置，如图 6-15 所示。

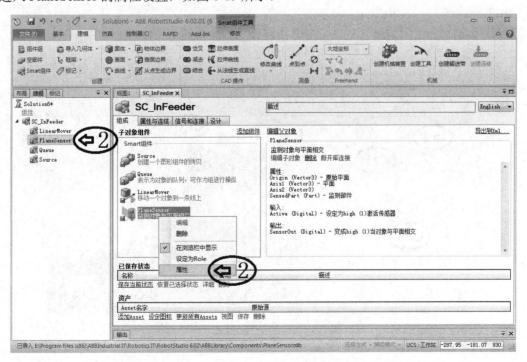

图 6-15　进入 PlaneSensor 的属性设置

说明：在输送链末端的挡板处设置面传感器，设定方法为：首先捕捉一个点作为面的原点 A，然后设定基于原点 A 的两个延伸轴的方向及长度(参考大地坐标方向)，这样就构成一个平面，最后按照图 6-16 来设定原点以及延伸轴。此平面作为面传感器来检测产品到位，并会自动输出一个信号，用于逻辑控制。

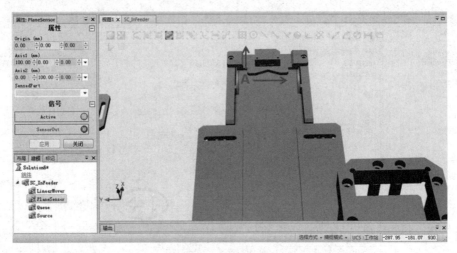

图 6-16 面传感器位置说明图

(3) 选择捕捉方式为"捕捉末端"，如图 6-17 所示。

(4) 单击"Origin(mm)"输入框，如图 6-17 所示。

(5) 在输送链末端的挡板处选择图 6-16 中的 A 点单击，作为原点。

(6) 延伸轴设置："Axis1"的 Z 轴值设为 30 mm，"Axis2"的 Y 轴值设为–70mm，如图 6-17 所示。

(7) 单击"应用"按钮，产生一个面传感器，如图 6-17 所示。

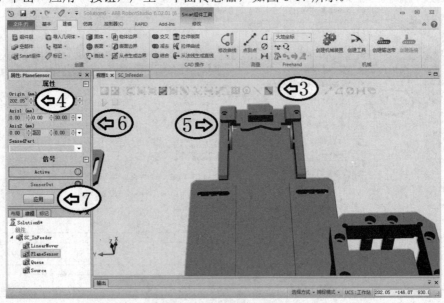

图 6-17 面传感器设定

(8) 在建模或布局窗口中右击"码垛-输送链 1"，将"修改"下的"可由传感器检测"

前的对勾去掉，如图 6-18 所示。

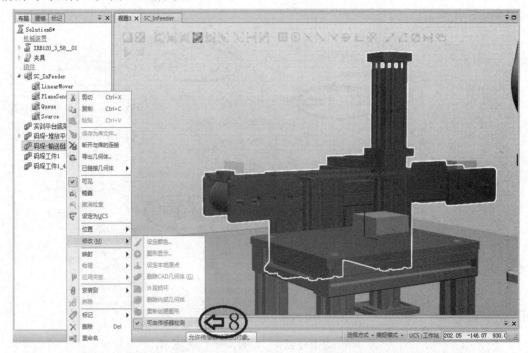

图 6-18 "码垛-输送链 1"设置为"不由传感器检测"

说明：虚拟传感器一次只能检测一个物体，为了能保证只检测运动到输送链末端的产品，应将与该传感器有接触的周边设备的属性都设置为"不由传感器检测"。

(9) 将"码垛-输送链 1"拖放到 Smart 组件"SC_InFeeder"中，如图 6-19 所示。

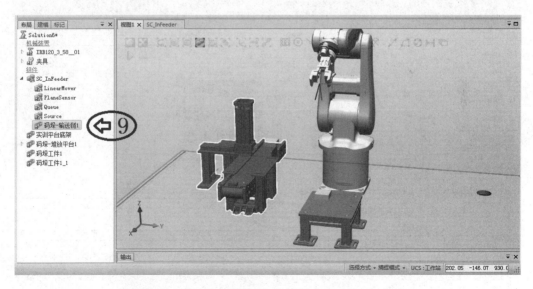

图 6-19 "码垛-输送链 1"拖放到"SC_InFeeder"中

说明：为了方便处理输送链，将"码垛-输送链 1"拖放到 Smart 组件中，用左键点住"码垛-输送链 1"不要松开，将其拖放到"SC_InFeeder"处再松开左键。

(10) 单击"添加组件",选中"信号与属性"列表中的"LogicGate"(逻辑门),如图 6-20 所示。

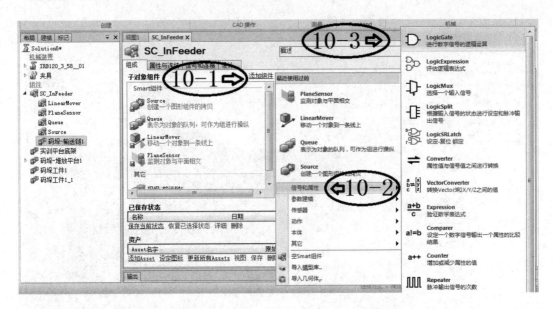

图 6-20 添加子组件"LogicGate"(逻辑门)

(11) 右击"LogicGate[AND]",选择"属性",如图 6-21 所示。

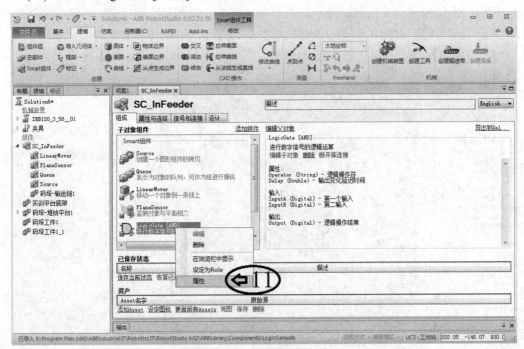

图 6-21 进入 LogicGate 的属性设置

(12) 将"Operator"栏设为"NOT",单击"关闭"按钮,如图 6-22 所示。

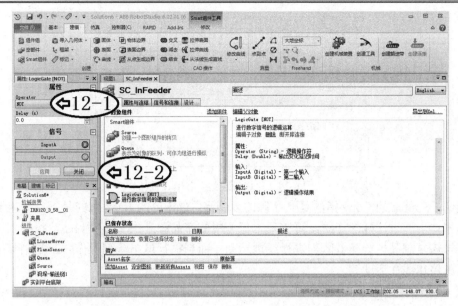

图 6-22　生成逻辑"非"门

4. 创建属性连结

属性连结指的是各 Smart 子组件的某项属性之间的连结。例如组件 A 中的某项属性 a1 与组件 B 中的某项属性 b1 建立属性连结，则当 a1 发生变化时，b1 也会随之变化。属性连结是在 Smart 窗口中的"属性与连结"选项卡中进行设定的。具体操作步骤如下：

(1) 单击"属性与连结"，如图 6-23 所示。

(2) 单击"添加连结"，如图 6-23 所示。

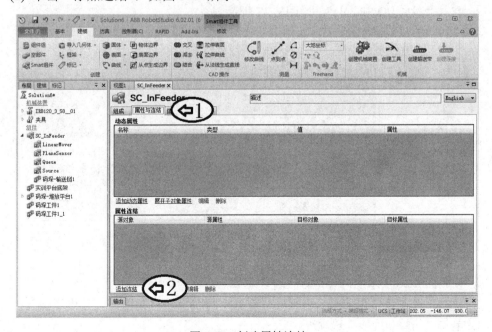

图 6-23　创建属性连结

(3) 按照图 6-24 所示内容进行设置，完成后单击"确定"按钮。

图 6-24 "属性连结"参数设置

说明：Source 的 Copy 指的是产品源的复制品，Queue 的 Back 指的是下一个将要加入队列的物体。通过这样的连结，可实现本任务中的产品源产生一个复制品，执行加入队列动作后，该复制品也会随着队列进行线性运动，而当执行退出队列操作时，复制品退出队列之后就停止线性运动。

5. 创建信号和连接

I/O 信号指的是在本工作站中自行创建的数字信号，用于与各个 Smart 子组件进行信号交互。I/O 连接指的是设定创建的 I/O 信号与 Smart 子组件信号的连接关系，以及各 Smart 子组件之间的信号连接关系。

信号与连接是在 Smart 组件窗口中的"信号和连接"选项卡中进行设置的，操作过程如下：

(1) 添加一个数字输入信号 diStart，用于启动 Smart 传送链，具体步骤包括：

① 单击"信号和连接"选项卡，如图 6-25 所示。

② 单击"添加 I/O Signals"，如图 6-25 所示。

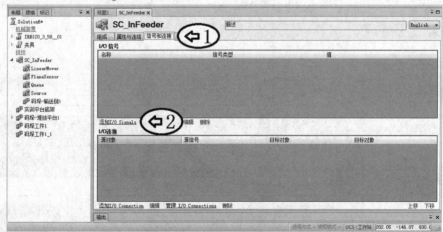

图 6-25 添加输入/输出信号

③ 按照图 6-26 所示的内容进行设置，完成后单击"确定"按钮。

(2) 添加一个数字输出信号 doBoxInPos，用作产品到位输出信号，具体步骤包括：

① 单击"信号和连接"选项卡。

② 单击"添加 I/O Signals"。

图 6-26　数字输入信号 diStart 的参数设置

说明：上面两步与前面输入信号 diStart 的操作相同。

③ 按照图 6-27 所示的内容进行设置，完成后点击"确定"按钮。

图 6-27　数字输出信号 doBoxInPos 的参数设置

(3) 建立 I/O 连接，具体步骤包括：

① 单击"添加 I/O Connection"，如图 6-28 所示。

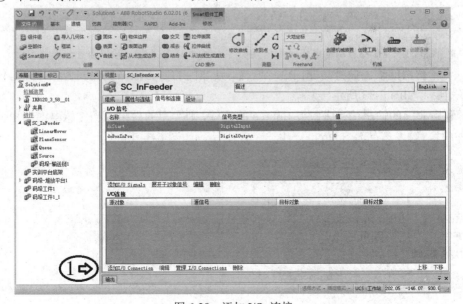

图 6-28　添加 I/O 连接

② 依次添加如下几个 I/O 连接：

a. 使用创建的 diStart 去触发 Source 组件执行动作，则产品源会自动产生一个复制品，如图 6-29 所示。

b. 产品源产生的复制品完成信号触发 Queue 的加入队列动作，则产生的复制品自动加入队列 Queue，如图 6-30 所示。

图 6-29　启动产品源复制　　　　　　　　图 6-30　复制品自动加入队列

c. 当复制品与输送链末端的传感器发生接触后，传感器将其本身的输出信号 SensorOut 置 1，利用此信号触发 Queue 退出队列动作，则队列中的复制品自动退出队列，如图 6-31 所示。

d. 当产品运动到输送链末端与传感器发生接触时，将 doBoxInpos 置 1，表示产品已到位，如图 6-32 所示。

图 6-31　复制品自动退出队列　　　　　　图 6-32　输出信号设置

e. 将传感器的输出信号与非门进行连接，则非门的信号输出变化和传感器输出信号变化正好相反，如图 6-33 所示。

f. 利用非门的输出信号去触发 Source 的执行，则实现的效果为当传感器的输出信号由 1 变为 0 时，触发产品源 Source 产生一个复制品，如图 6-34 所示。

图 6-33　输出信号与非门进行连接　　　　图 6-34　非门输出触发产品源复制

如图 6-29～图 6-34 所示，设定各个 I/O 连接中的源对象、源信号、目标对象、目标信号，完成后的界面如图 6-35 所示。

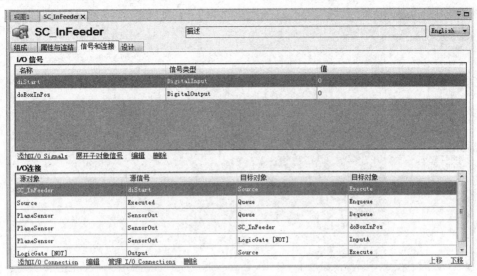

图 6-35　I/O 连接设置完成后的界面

6. 仿真运行

Smart 输送链的设置完成后，应验证所设定的动画效果。操作过程如下：

(1) 在"仿真"功能选项卡中单击"I/O 仿真器"，如图 6-36 所示。

(2) 选择"SC_InFeeder"，如图 6-36 所示。

(3) 单击"播放"进行播放，如图 6-36 所示。

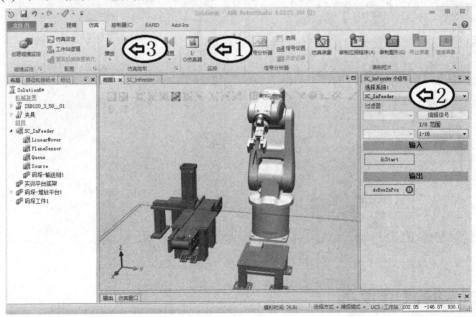

图 6-36　仿真播放

(4) 复制品运行到输出链末端，与限位传感器接触后停止运行，如图 6-37 所示。

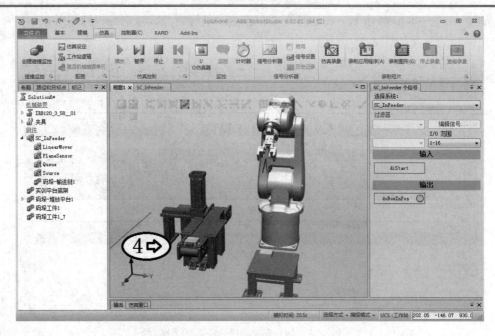

图 6-37　复制品运行到输出链末端停止运行

(5) 复制品移开后，在输出链前端重新复制产品并线性移动，如图 6-38 所示。

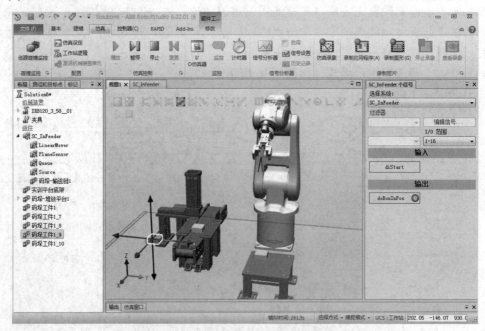

图 6-38　复制品移开后的效果

二、动态夹具的实现

1. 设定夹具属性

设定夹具属性的操作过程如下：

(1) 利用"机械装置手动关节"将机器人 IRB120 的第 5 轴调成 90°垂直状态，如图 6-39 所示。

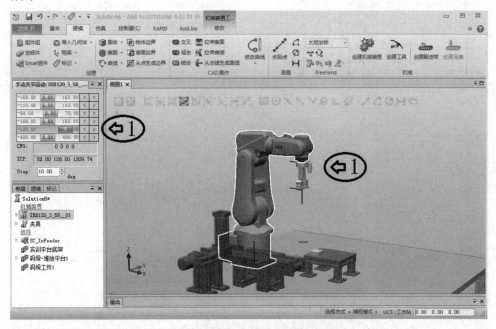

图 6-39　机器人第 5 轴调成垂直状态

(2) 在"建模"功能选项卡中单击"Smart 组件"，如图 6-40 所示。

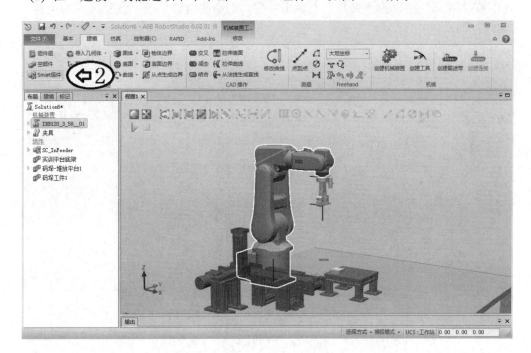

图 6-40　添加夹具 Smart 组件

(3) 点击"Smart Component 1"后单击右键，选中"重命名"，将该组件命名为 "SC_Gripper"，如图 6-41 所示。

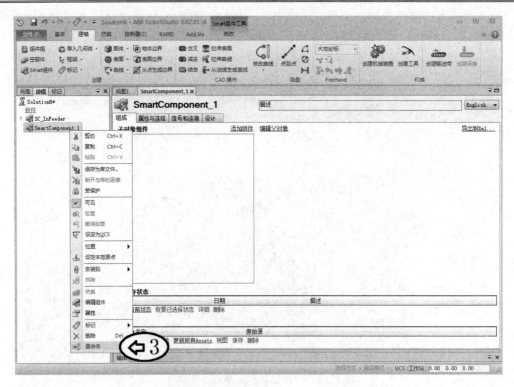

图 6-41 重命名夹具 Smart 组件

(4) 在"布局"窗口的"夹具"上单击右键，选中"拆除"并不恢复夹具的位置，如图 6-42 所示。

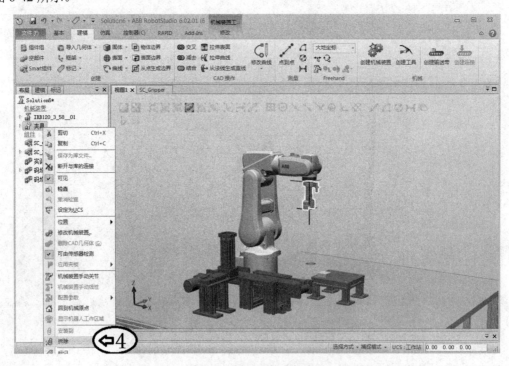

图 6-42 拆下已装上的夹具

(5) 在"布局"窗口中，用左键点住"夹具"并拖放到"SC_Gripper"上面后松开，即将"夹具"添加到了 Smart 组件中，如图 6-43 所示。

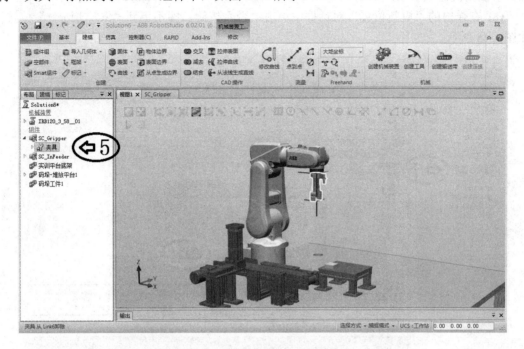

图 6-43 添加夹具到 Smart 组件中

(6) 在 Smart 组件编辑窗口的"组成"选项卡中，单击"夹具"，勾选"设定为 Role"，如图 6-44 所示。

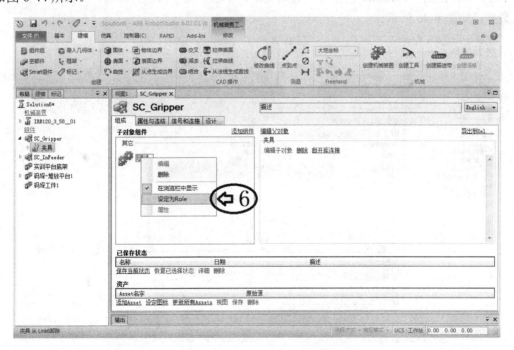

图 6-44 设定夹具为 Role

(7) 用左键点住"SC_Gripper",将其拖放到机器人"IRB120"上面后松开,作为将 Smart 工具安装到机器人末端,如图 6-45 所示。

(8) 在弹出的"更新位置"对话框中单击"否"按钮,即不更新"SC_Gripper"位置,如图 6-45 所示。

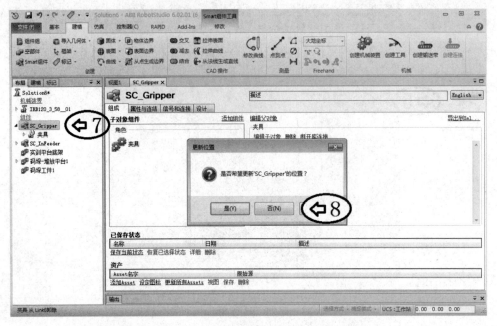

图 6-45　Smart 夹具组件作为机器人的工具

(9) 在弹出的"Tooldata 已存在"对话框中,单击"是"按钮,即替换掉原先存在的工具数据,如图 6-46 所示。

图 6-46　替换原有工具数据

说明：上述操作步骤的目的是将 Smart 夹具 SC_Gripper 作为机器人的工具。"设定为 Role"可以让 Smart 组件获得"Role"的属性。在本任务中，工具"夹具"包含一个工具坐标系，将其设为 Role，则"SC_Gripper"继承了工具坐标系属性，就可以将"SC_Gripper"完全当作机器人的工具来处理。

2. 设定检测传感器

设定夹具属性的操作过程如下：

(1) 单击"添加组件"，选择"传感器"选项列表中的"LineSensor"(线传感器)，如图 6-47 所示。

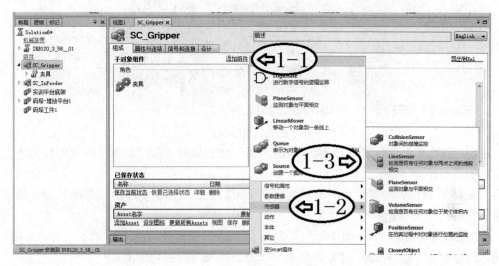

图 6-47　添加线传感器

(2) 在子对象组件"LineSensor"上单击右键，在菜单中单击"属性"，如图 6-48 所示。

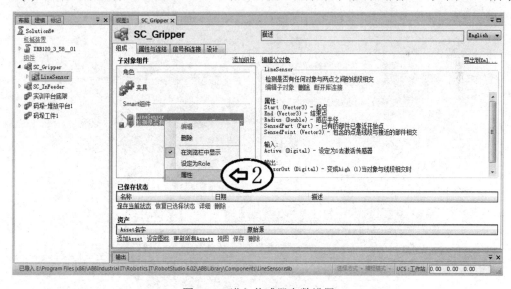

图 6-48　进入传感器参数设置

(3) 设定线传感器需要指定起点 Start 和终点 End，如图 6-49 所示。

(4) 选取合适的捕捉方式，在图 6-49 中的 Start 点处单击。

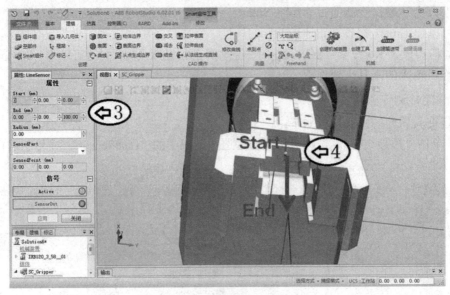

图 6-49 进入线传感器参数设置

说明：线传感器的位置与图 6-49 中深色箭头位置相同，我们前面将夹具调整为垂直状态的目的就在于此，捕捉到起点 Start 的坐标后可自动获得终点 End 的坐标。因为起点 Start 和终点 End 的 X、Y 轴值是相同的，而终点 END 的 Z 轴值决定线传感器的长度，所以可根据夹具的尺寸来设定。

(5) 根据确定起点 Start 的坐标值判定终点 End 的坐标数值(X、Y 轴值与起点 Start 的相同，Z 轴值等于起点 Start 的 Z 轴值减去 65mm)，如图 6-50 所示。

(6) "Radius(mm)" 用于设定线传感器半径，为便于观察，此处设为 "3.00"，如图 6-50 所示。

(7) "Active" 置为 "0"，即暂时关闭传感器检测，如图 6-50 所示。

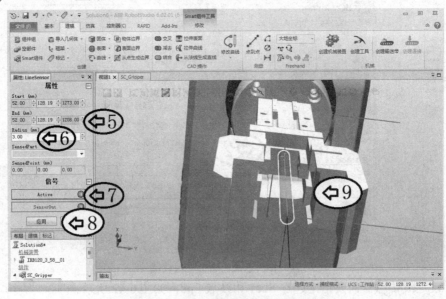

图 6-50 线传感器的参数设置及生成

(8) 设定完成后，单击"应用"按钮，如图 6-50 所示。

(9) 生成的线传感器如图 6-50 所示。

(10) 在"夹具"上单击右键，如图 6-51 所示。

(11) 单击"可由传感器检测"，取消勾选，如图 6-51 所示。

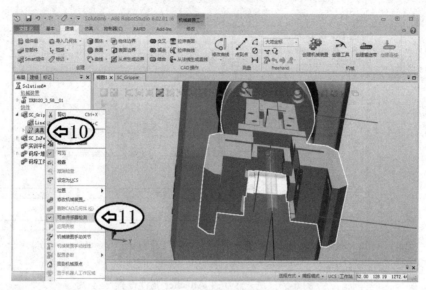

图 6-51　工具设置成传感器不可检测

3. 设定夹具夹紧松开动作

设定夹具夹紧松开动作的操作过程如下：

(1) 设定夹具夹紧动作效果，使用的是子组件 Attacher。

① 单击"添加组件"，如图 6-52 所示；

② 选择"动作"列表中的"Attacher"(安装)，如图 6-52 所示；

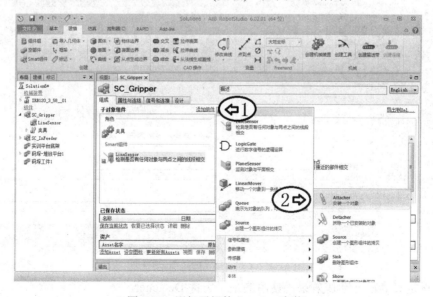

图 6-52　添加子组件 Attacher(安装)

③ 右键单击"Attacher",选择"属性",如图 6-53 所示;

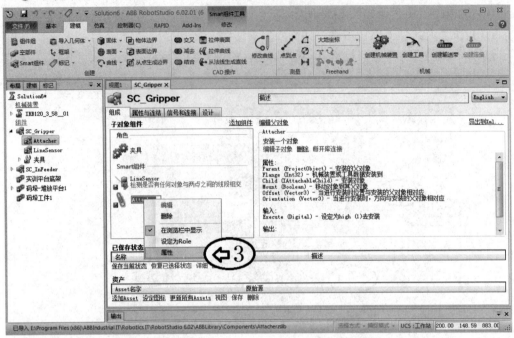

图 6-53　进入子组件 Attacher 属性设置

④ 安装的父对象"Parent"选择"SC_Gripper/夹具",如图 6-54 所示。

⑤ 安装的子对象"Child"由于不是特定的一个物体,因此暂不设定,如图 6-54 所示。

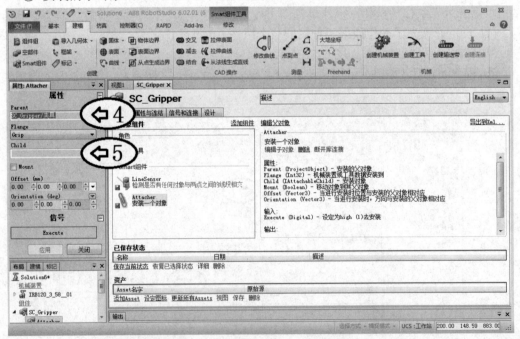

图 6-54　子组件 Attacher 属性设置

(2) 设定夹具松开动作效果,使用的是子组件 Detacher。

① 单击"添加组件",如图 6-55 所示。

② 选择"动作"列表中的"Detacher"(拆除)，如图 6-55 所示。

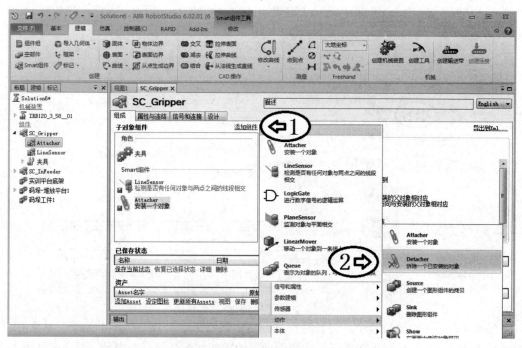

图 6-55　添加子组件 Detacher(拆除)

③ 右键单击"Detacher"，选择"属性"，如图 6-56 所示。

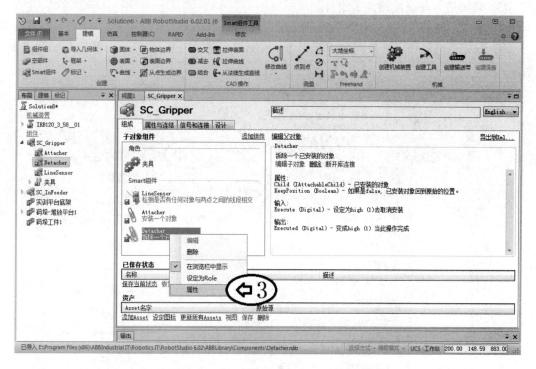

图 6-56　进入子组件 Detacher 属性设置

④ 由于子对象不是特定的一个物体，因此暂不设定拆除的子对象。

⑤ 勾选"KeepPosition",即夹具松开后,子对象保持当前空间的位置,如图6-57所示。

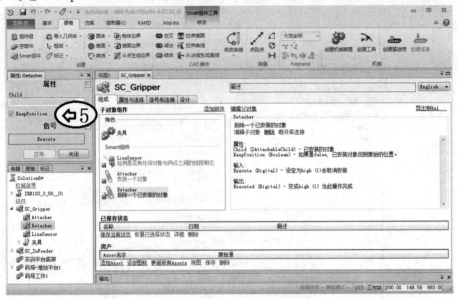

图6-57 子组件 Detacher 属性设置

说明:在上述设置过程中,夹紧动作 Attacher 和松开动作 Detacher 中关于子对象 Child 暂时都未作设定,这是因为在本任务中我们处理的工件并不是同一个产品,而是产品源生成的各个复制品,所以无法在此直接指定该子对象。我们会在属性连结中设定此项属性的关联。

(3) 添加信号与属性相关子组件。

① 单击"添加组件",如图6-58所示;

② 选择"信号和属性"列表中的"LogicGate"(逻辑门),创建一个非门,如图 6-58 所示;

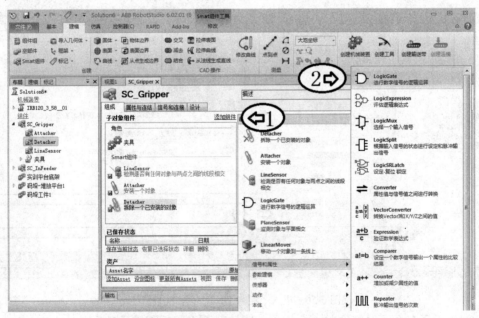

图6-58   添加子组件 LogicGate(逻辑门)

③ 在 LogicGate 的属性设置中，将"Operator"栏选为"NOT"，如图 6-59 所示；

图 6-59　"非"门设置

④ 添加一个信号置位、复位子组件 LogicSRLatch (RS 触发器)，如图 6-60 所示。

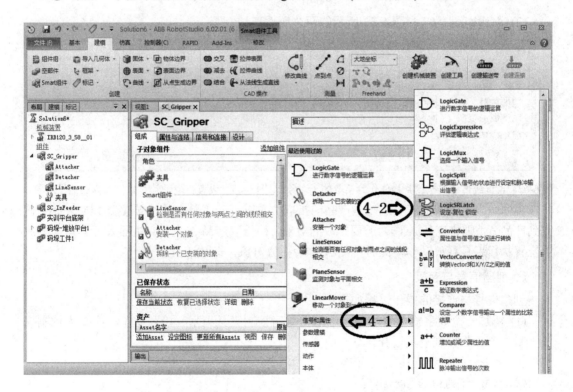

图 6-60　添加子组件 LogicSRLatch(RS 触发器)

说明：子组件 LogicSRLatch 用于置位、复位信号，并且自带锁定功能，此处用于置位、复位真空反馈信号，其它作用将在后面的信号与连接内容中详细介绍。

4. 创建属性与连结

创建属性与连结的操作过程如下：

(1) 在"属性与连结"选项卡中单击"添加连结"，如图 6-61 所示。

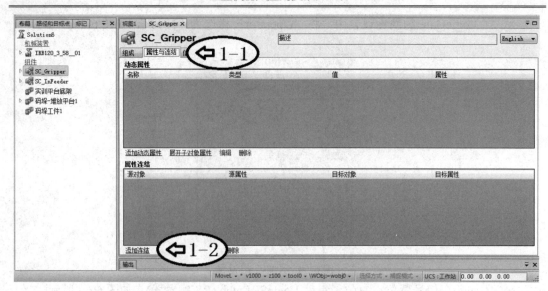

图 6-61　添加连结

(2) 添加如图 6-62 和图 6-63 所示的两个属性连结。

图 6-62　设置线传感器检测到物体作为拾取的子对象　　图 6-63　设置拾取的子对象作为释放的子对象

说明：当机器人的工具运动到产品的拾取位置时，若工具上的线传感器 LineSensor 检测到产品 A，则将产品 A 作为所要拾取的对象。待拾取产品 A 之后，机器人工具运动到放置位置执行工具释放动作，此时产品 A 作为释放对象，即被工具放下。

5. 创建信号与连接

创建信号与连接的操作过程如下：

(1) 添加一个数字输入信号 diGripper，用于控制夹具夹紧、松开动作，置 1 为控制夹具夹紧，置 0 为控制夹具松开。

① 单击"信号和连接"选项卡；

② 单击"添加 I/O Signals"；

③ 按照图 6-64 所示进行设置，完成后单击"确定"按钮。

(2) 添加一个数字输出信号 doVacuumOK，用于反馈是否夹紧工件，置 1 表示已夹紧，置 0 表示已松开。

① 单击"信号和连接"选项卡；

② 单击"添加 I/O Signals"；

③ 按照图 6-65 所示进行设置，完成后单击"确定"按钮。

图 6-64　创建数字输入信号 diGripper

图 6-65　创建数字输出信号 doVacuumOK

(3) 建立 I/O 连接。

① 单击"添加 I/O Connection";

② 根据表 6-1 依次添加 I/O 连接。

表 6-1　动态夹具的 I/O 连接

序号	源对象	源信号	目标对象	目标信号
1	SC_Gripper	diGripper	LineSensor	Active
2	LineSensor	SensorOut	Attacher	Execute
3	SC_Gripper	diGripper	LogicGate[NOT]	InputA
4	LogicGate[NOT]	Output	Detacher	Execute
5	Attacher	Executed	LogicSRLatch	Set
6	Detacher	Executed	LogicSRLatch	Reset
7	LogicSRLatch	Output	SC_Gripper	doVacuumOK

说明：表 6-1 中各连接的作用如下。

序号 1：夹具夹紧信号 diGripper 触发传感器开始执行检测。

序号 2：传感器检测到物体之后触发拾取动作。

序号 3 和序号 4：利用非门的中间连接，当关闭真空后(diGripper 为 0)触发释放动作。

序号 5：夹紧动作完成后触发置位/复位组件执行"置位"动作。

序号 6：松开动作完成后触发置位/复位组件执行"复位"动作。

序号 7：用置位/复位组件实现，当夹紧动作完成后将 doVacuumOK 置为 1，当松开动作完成后将 doVacuumOK 置为 0。

③ "信号和连接"设置完成后的效果如图 6-66 所示。

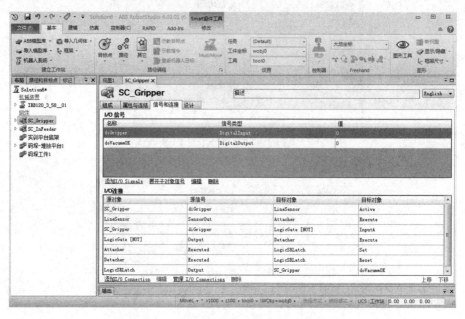

图 6-66　"信号和连接"设置完成后的效果

6. Smart 组件的动态模拟运行

利用仿真在动态输送链末端预置一个专业用于演示的产品"码垛工件 1_1"。 Smart 组件的动态模拟运行操作过程如下:

(1) 在"基本"选项卡中单击"机器人系统",选择"从布局…"来创建机器人系统,如图 6-67 所示。

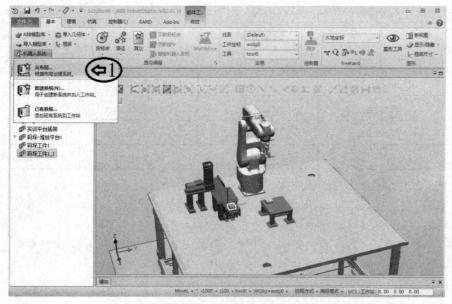

图 6-67　创建机器人系统

(2) 在"Freehand"工具栏中选取"手动线性",然后单击机器人末端,用鼠标左键点住出现的坐标轴进行线性拖动,如图 6-68 所示。

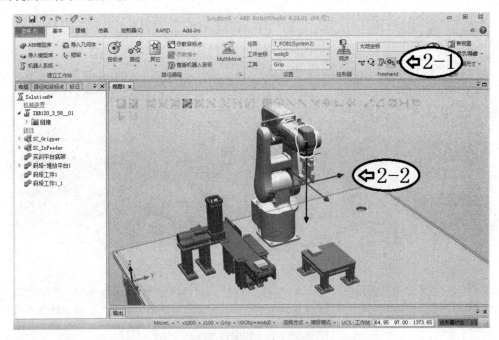

图 6-68　夹具的线性拖动

(3) 将夹具拖动至码垛工件拾取位置,如图 6-69 所示。

(4) 单击"仿真"功能选项卡中的"I/O 仿真器",如图 6-69 所示。

(5) "选择系统"设定为"SC_Gripper",如图 6-69 所示。

(6) 将"diGripper"置 1,如图 6-69 所示。

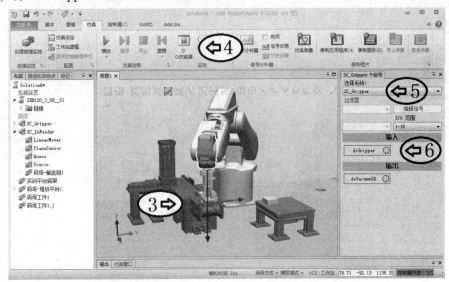

图 6-69　拾取逻辑设置

说明:此时夹具已将产品拾取,同时真空反馈信号 doVacuumOK 自动置 1。

(7) 将夹具线性拖动到"码垛-堆放平台 1"上方，此时产品跟随夹具移动，如图 6-70 所示。

图 6-70　夹具带着产品移动

(8) 将"diGripper"置 0，使夹具释放搬运对象，此时"doVacuumOK"自动置 0，如图 6-71 所示。

(9) 将夹具线性向上拖动，使夹具离开产品位置，如图 6-71 所示。

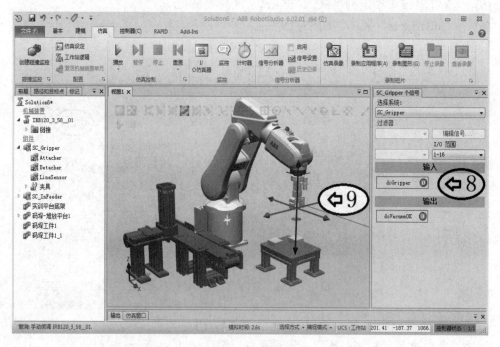

图 6-71　夹具释放操作

三、工作站的逻辑设定

1. 添加 I/O 信号

添加 I/O 信号的操作过程如下：

(1) 在"控制器"功能选项卡下，单击"配置编辑器"，选择"I/O System"，如图 6-72 所示。

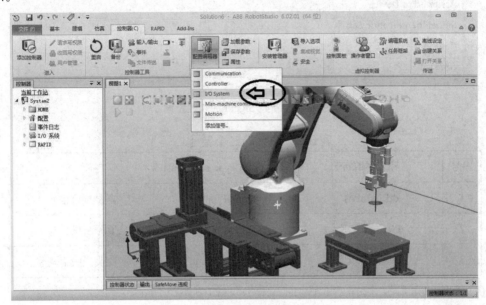

图 6-72　进入配置 I/O

(2) 右键单击"Signal"，选择"新建 Signal"，如图 6-73 所示。

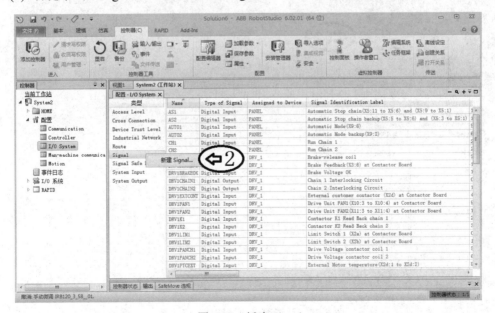

图 6-73　新建 Signal

(3) 在图 6-74 中依次设置如表 6-2 所示的三个新建信号。

名称	值	信息
Name		默认值不正确！
Type of Signal	▼	
Assigned to Device	▼	
Signal Identification Label		
Category		
Access Level	Default ▼	

图 6-74　新建 Signal 的属性设置

表 6-2　系统的三个新建信号

序号	信号名字(Name)	信号类型(Type of Signal)	描　　述
1	diBoxInPos	Digital Input	产品到位信号
2	diVacuumOK	Digital Input	真空反馈信号
3	doGripper	Digital Output	控制真空吸盘动作

(4) 单击"重启"，选择"重启动(热启动)"，如图 6-75 所示。

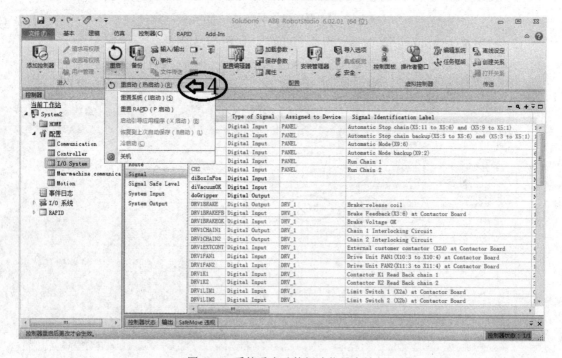

图 6-75　系统重启动使新建信号生效

2. 设定工作站逻辑

设定工作站逻辑的操作过程如下：

(1) 在"仿真"功能选项卡中单击"工作站逻辑"，如图 6-76 所示。

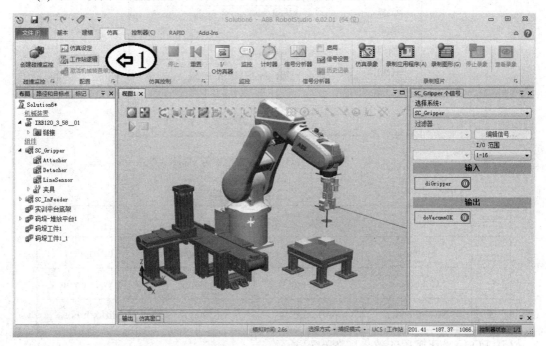

图 6-76　进入"工作站逻辑"

(2) 进入"信号和连接"选项卡，如图 6-77 所示。

(3) 单击"添加 I/O Connection"，如图 6-77 所示。

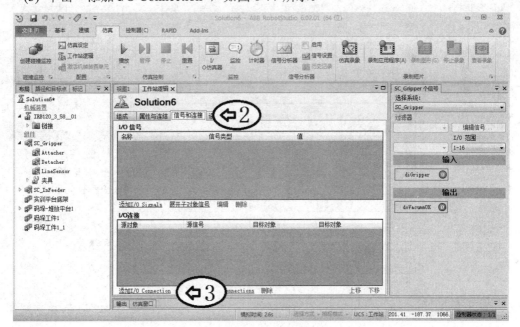

图 6-77　添加 I/O 连接

(4) 在图 6-78 中依次设置如表 6-3 所示的三个 I/O 连接。

图 6-78　I/O 连接的属性设置

表 6-3　三个 I/O 连接

序号	源对象	源信号	目标对象	目标信号
1	System2	doGripper	SC_Gripper	diGripper
2	SC_Gripper	doVacuumOK	System2	diVacuumOK
3	SC_InFeeder	doBoxInPos	System2	diBoxInPos

(5) I/O 信号连接后的效果如图 6-79 所示。

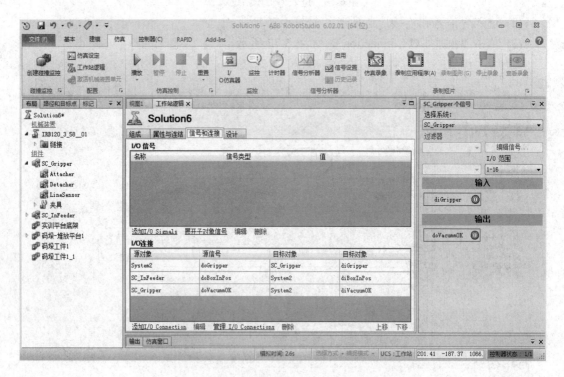

图 6-79　I/O 信号连接后的效果

四、搬运程序设计及仿真运行

1. 搬运程序设计

搬运程序设计的操作过程如下：

(1) 在"基本"功能选项卡下单击"其它"，选择"创建工件坐标"，采用"三点法"在码垛平台上创建与大地坐标方向一致的工件坐标，如图 6-80 所示。

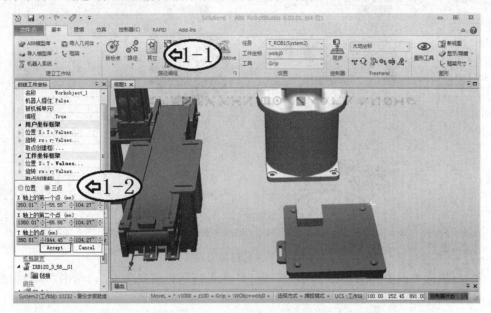

图 6-80　"三点法"创建工件坐标

(2) 单击"路径"，选择"空路径"，如图 6-81 所示。

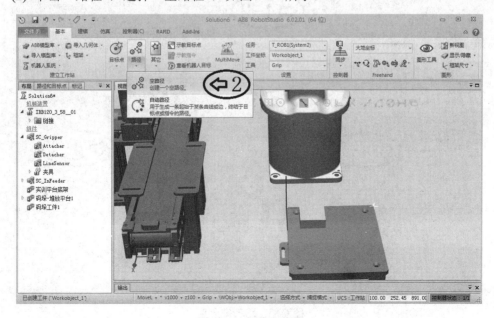

图 6-81　创建空路径

(3) 编程前参数设置："工件坐标"设为"Workobject_1"，"工具"设为"Grip"，运动指令设为"MoveJ"(关节运动)，速度设为"v500"，转弯半径设为"fine"，如图 6-82 所示。

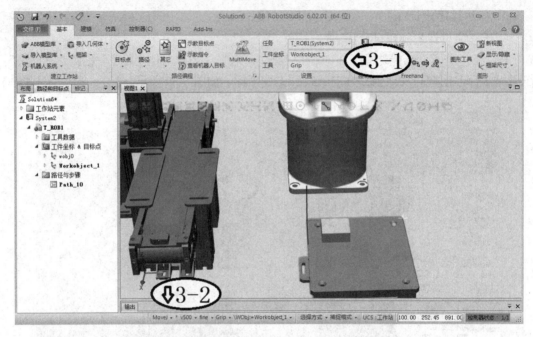

图 6-82　编程前参数设置

(4) 将机器人调整到图 6-83 所示的位置，作为系统运行的安全点，再单击"示教指令"，生成返回安全点 Target_10 的运动指令。

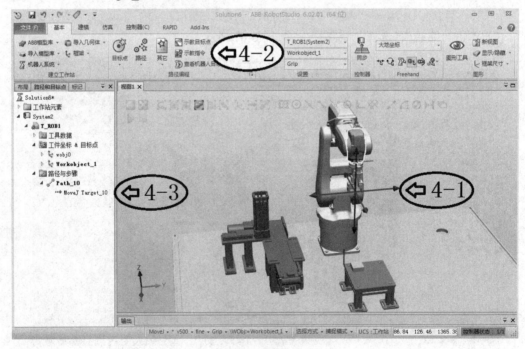

图 6-83　示教安全点

（5）利用手动线性将机器人的夹具拖到取料点上方，再单击"示教指令"，生成去取料点上方 Target_20 的运动指令，如图 6-84 所示。

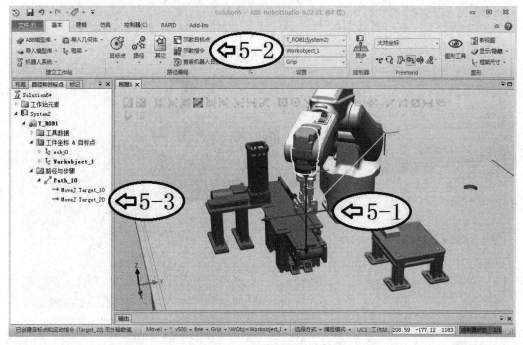

图 6-84　示教取料点上方

（6）在左侧"路径和目标点"下右击"MoveJ Target_20"，选择"插入逻辑指令"，为机器人与输送链协同作业添加数字输入等待指令，如图 6-85 所示。

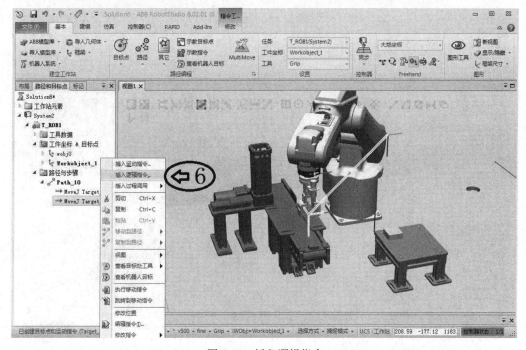

图 6-85　插入逻辑指令

(7)　"指令模板"下选择"WaitDI Default"(数字输入等待指令)，如图 6-86 所示。

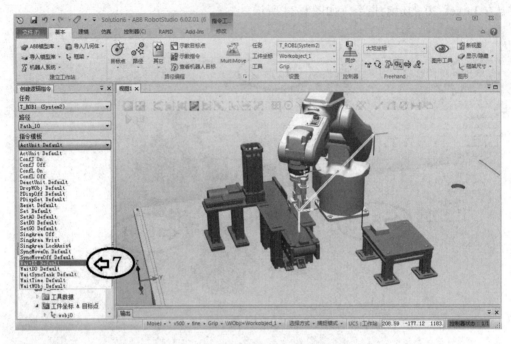

图 6-86　选择"WaitDI Default"(数字输入等待指令)

(8)　"WaitDI Default"(数字输入等待指令)的参数设置："Signal"设为"diBoxInPos"，"Value"设为"1"，即机器人等到输送链送过来的产品到位信息(diBoxInPos 为 1)时，程序才往后执行，如图 6-87 所示。

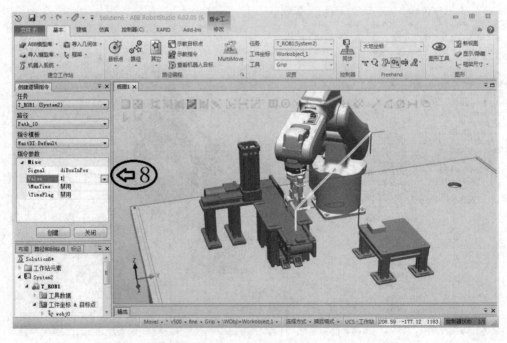

图 6-87　WaitDI Default"(数字输入等待指令)的参数设置

(9) 利用手动线性将机器人的夹具拖到取料点，再将运动指令改为"MoveL"(线性运动)，速度改为"v200"，然后单击"示教指令"，生成去取料点 Target_30 的运动指令，如图 6-88 所示。

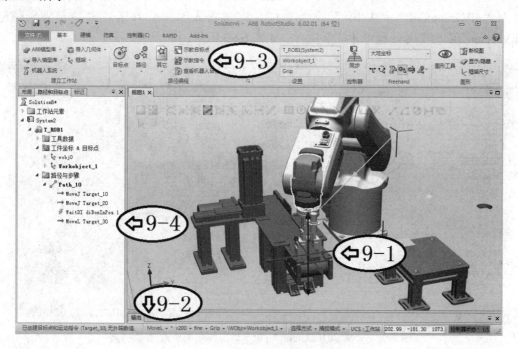

图 6-88　示教取料点

(10) 在左侧"路径和目标点"下右击"MoveJ Target_30"，选择"插入逻辑指令"，为机器人与夹具协同作业添加数字输出置位指令。

(11) "指令模板"选择"Set Default"(数字输出置位指令)，指令参数"Signal"设为"doGripper"，即机器人输出信号 doGripper 置 1，控制夹具夹紧，如图 6-89 所示。

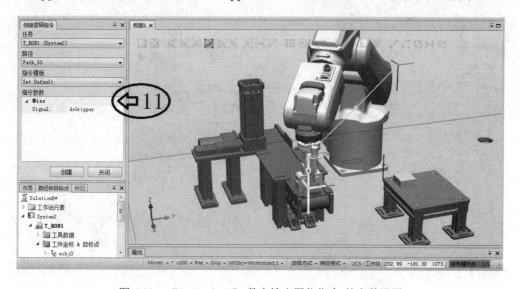

图 6-89　"Set Default"(数字输出置位指令)的参数设置

(12) 在左侧"路径和目标点"下右击"Set doGripper",选择"插入逻辑指令",为机器人与夹具协同作业添加数字输入等待信号。

(13) "指令模板"选择"WaitDI Default"(数字输入等待指令),指令参数"Signal"设为"diVacuumOK","Value"设为"1",即机器人等到夹具送过来的已夹紧信号(diVacuumOK 为 1)时,程序才往后执行,如图 6-90 所示。

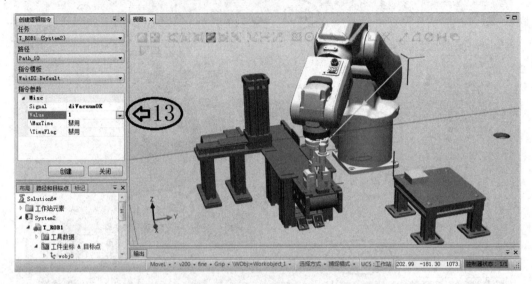

图 6-90　"WaitDI Default"(数字输入等待指令)的参数设置

(14) 在左侧"路径和目标点"下右击"Target_20",选择"添加到路径"—"Path_10"—"最后",添加返回取料点上方的运动指令,如图 6-91 所示。

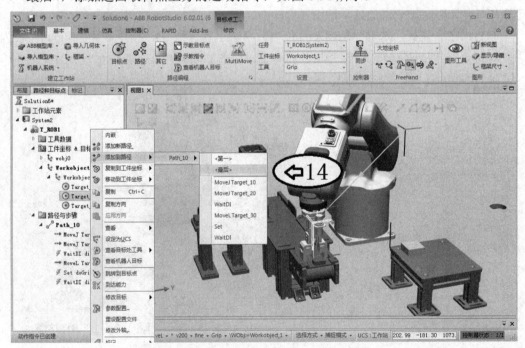

图 6-91　添加返回取料点上方的运动指令

（15）利用手动线性将机器人的夹具拖到放料点上方，再单击"示教指令"，生成去放料点上方 Target_40 的运动指令，如图 6-92 所示。

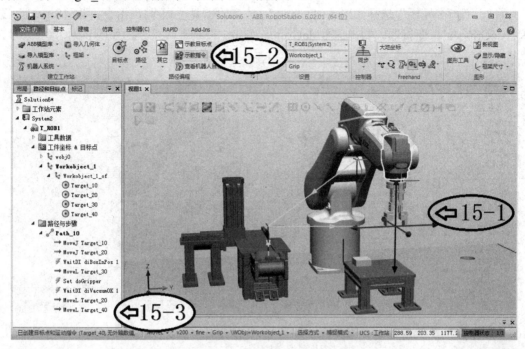

图 6-92　示教放料点上方

（16）利用手动线性将机器人的夹具拖到放料点，再单击"示教指令"，生成去放料点 Target_50 的运动指令，如图 6-93 所示。

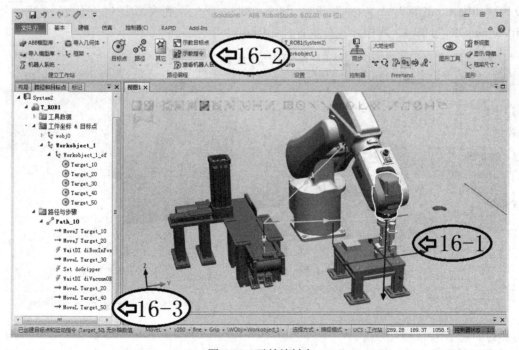

图 6-93　示教放料点

(17) 在左侧"路径和目标点"下右击"MoveJ Target_50"，选择"插入逻辑指令"，为机器人与夹具协同作业添加数字输出复位信号。

(18) "指令模板"选择"Reset Default"(数字输出复位指令)，指令参数"Signal"设为"doGripper"，即机器人输出信号 doGripper 置 0，控制夹具松开，如图 6-94 所示。

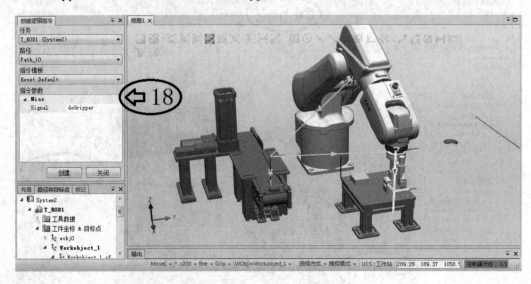

图 6-94　　"Reset Default"(数字输出复位指令)的参数设置

(19) 在左侧"路径和目标点"下右击"Reset doGripper"，选择"插入逻辑指令"，为机器人与夹具协同作业添加数字输入等待信号。

(20) "指令模板"选择"WaitDI Default"(数字输入等待指令)，指令参数"Signal"设为"diVacuumOK"，"Value"设为"0"，即机器人等到夹具送过来的已松开信号(diVacuumOK 为 0)时，程序才往后执行，如图 6-95 所示。

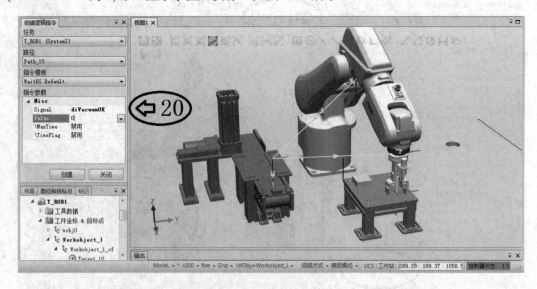

图 6-95　　"WaitDI Default"(数字输入等待指令)的参数设置

(21) 在左侧"路径和目标点"下右击"Target_40"，选择"添加到路径"——"Path_10"

—"最后",添加返回放料点上方的运动指令,如图 6-96 所示。

图 6-96　返回放料点上方

(22) 单击"同步",选择"同步到 RAPID",如图 6-97 所示。

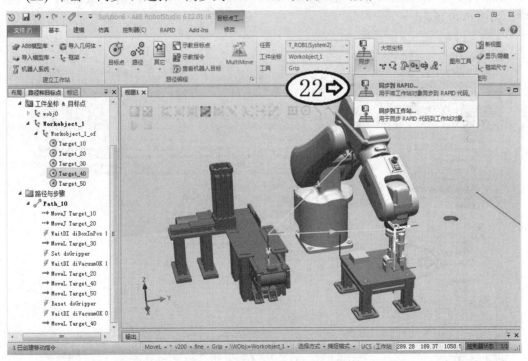

图 6-97　程序同步到 RAPID

2. 查看机器人程序

查看机器人程序的操作过程如下：

(1) 单击"RAPID"功能选项卡，如图 6-98 所示。

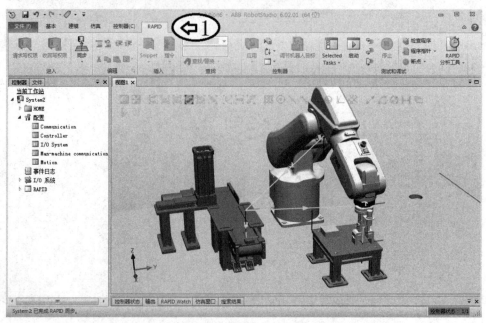

图 6-98　进入"RAPID"

(2) 在左侧"控制器"窗口依次展开"RAPID"、"T_ROB1"，双击"Module1"查看程序，如图 6-99 所示。

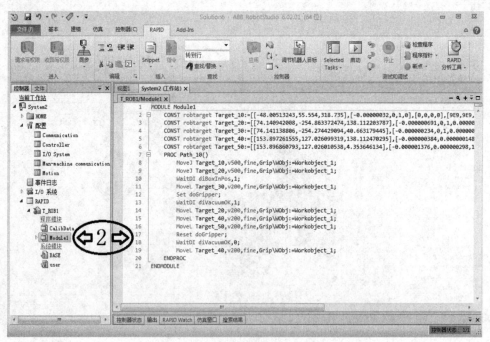

图 6-99　在 RAPID 中查看程序

3. 仿真运行

仿真运行的操作过程如下：

(1) 在"仿真"功能选项卡中单击"仿真设定"，如图 6-100 所示。

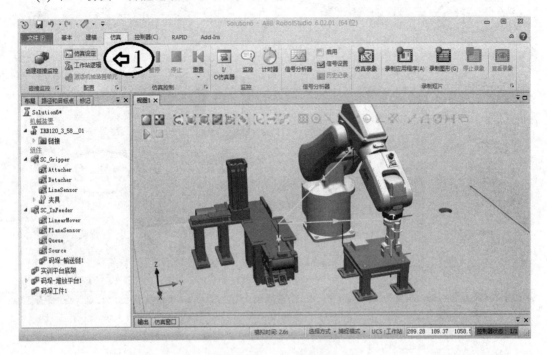

图 6-100 进入"仿真设定"

(2) 点击"T_ROB1"，"进入点"设为"Path_10"，如图 6-101 所示。

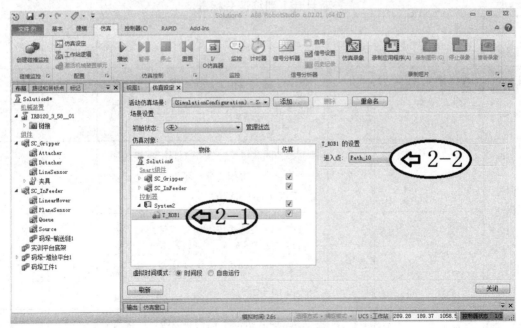

图 6-101 仿真进入点设置

(3) 单击"播放"，机器人开始运动，如图 6-102 所示。

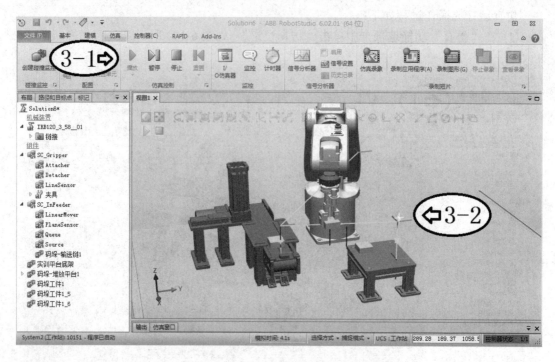

图 6-102　仿真运行

【考核与评价】

项目六　训练评分标准

一级指标	二级指标	分值	扣分点及扣分标准	扣分及原因	得分
训练过程(%)	1. 学习纪律	5	迟到早退一次扣 1 分；旷课一次扣 2 分；上课时间未按规定上交手机、讲小话、睡觉一次扣 1 分		
	2. 团队精神	5	不参加团队讨论一次扣 1 分；不接受团队任务安排一次扣 2 分；不配合其他成员完成团队任务一次扣 2 分		
	3. 操作规范	15	操作中，工具摆放不整齐或使用后不及时归位，一次扣 3 分；各种物料没按规定分类放置，一次扣 3 分；不遵守安全规范一次扣 10 分		
	4. 行为举止	5	随地乱吐、乱涂、乱扔垃圾等，一次扣 2 分；语言不文明一次扣 1 分		

续表

一级指标	二级指标	分值	扣分点及扣分标准	扣分及原因	得分
训练结果(%)	1. 使用 Smart 组件创建动态输送链	20	独立完成使用 Smart 组件创建动态输送链的操作,操作过程中每出现一次操作错误扣 2 分		
	2. 使用 Smart 组件创建动态夹具	20	独立完成使用 Smart 组件创建动态夹具,操作过程中每出现一次操作错误扣 2 分		
	3. 机器人工作站的逻辑设定	10	独立完成机器人工作站的工作逻辑设定操作,操作过程中每出现一次操作错误扣 2 分		
	4. 搬运程序设计及仿真	20	独立完成搬运程序设计及仿真操作,操作过程中每出现一次操作错误扣 2 分		
总计		100 分			

【项目小结】

本项目介绍了离线编程条件下,创建机器人轨迹路径、调节机器人运动姿态以及实时监控机器人运动状态的方法。

【作业布置】

1. Smart 组件输送链动态效果有哪些?
2. Smart 组件夹具动态效果有哪些?
3. Smart 组件与机器人的同步设置的主要作用是什么?
4. 什么是 Smart 组件?
5. Smart 组件有哪些子组件?
6. 动态输送链实现的操作步骤有哪些?
7. 动态夹具实现的操作步骤有哪些?
8. 同步设置的操作步骤有哪些?

项目七　复杂工作站 3D 仿真系统的创建与应用

【项目描述】

在工业应用过程中，有时需要为机器人系统配备导轨或变位机来增大工业机器人的工作范围。配备导轨可改变机器人与加工工件之间的位置，配备变位机可改变机器人加工工件的复杂姿态。在焊接、切割、处理多工位及较大工件时，导轨与变位机的应用很广泛。

本项目将分别以带导轨的机器人系统创建、带变位机的机器人系统创建为例，介绍带导轨与带变位机的机器人系统创建及对工件表面加工处理的方法。

【教学目标】

1. 技能目标

➢ 学会创建带导轨的机器人系统的方法；
➢ 学会创建带变位机的机器人系统的方法；
➢ 学会创建运动轨迹程序并仿真调试的方法。

2. 素养目标

➢ 具有发现问题、分析问题、解决问题的能力；
➢ 具有高度责任心和良好的团队合作能力；
➢ 培养良好的职业素养和一定的创新意识；
➢ 养成"认真负责、精检细修、文明生产、安全生产"等良好的职业道德。
➢

【知识准备】

一、带导轨的机器人系统

带导轨的机器人系统，通常指的是将机器人系统安装在一个导轨上，在机器人系统加工工件时，机器人能根据加工工序的需要，顺着导轨的方向进行运动，通过这种运动来增加机器人手臂到达的范围。创建机器人系统时，机器人系统既保存了机器人本位的位置数据，同时又保存了导轨的位置数据。

二、带变位机的机器人系统

在加工多工位以及较大工件时，仅通过调整机器人机械臂的姿态往往无法完成整个工件加工的过程。带变位机的机器人系统可通过变位机改变机器人工件的姿态来达到加工工件的目的。

【项目实施】

一、创建带导轨的机器人系统

创建带导轨的机器人系统的操作过程如下：

1. 创建一个空的工作站并导入机器人模型

(1) 在"基本"功能选项卡下，单击"ABB 模型库"并选择"IRB 1200"，如图 7-1 所示。

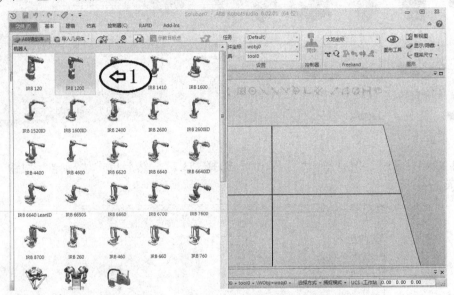

图 7-1　选择机器人

(2) 弹出"IRB 1200"对话框，单击"确认"按钮，如图 7-2 所示。

图 7-2　机器人参数确认

2. 添加导轨模型

(1) 单击"ABB 模型库",在"导轨"栏中选择"RTT",如图 7-3 所示。

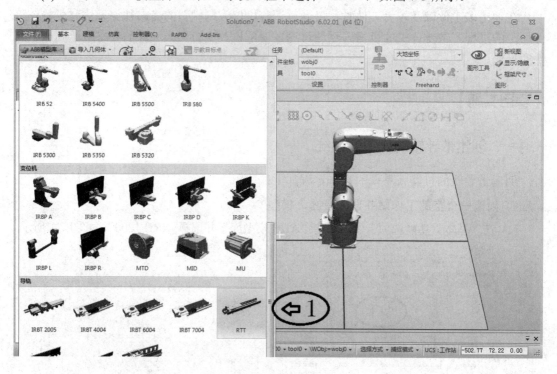

图 7-3 添加导轨

(2) 弹出"RTT"对话框,"行程(m)"选择"3.7",然后单击"确定"按钮,如图 7-4 所示。

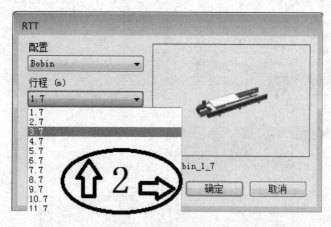

图 7-4 导轨参数设置

说明:行程指的是导轨的可行长度。

3. 将机器人安装到导轨上面

(1) 用左键点住机器人 IRB1200_5_90_STD_01,将其拖放到导轨 RTT_Bobin_3_7 上方,松开左键,如图 7-5 所示。

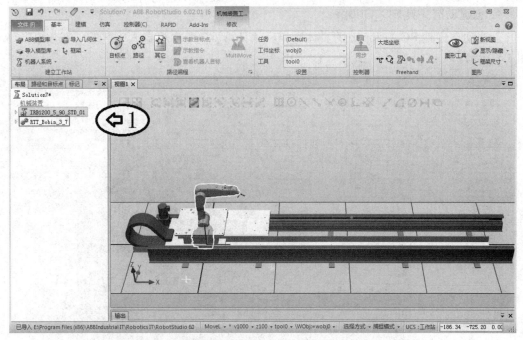

图 7-5　机器人与导轨绑定

(2) 弹出"IRB 1200"对话框，单击"确定"按钮，则机器人位置更新至导轨机座上方，如图 7-6 所示。

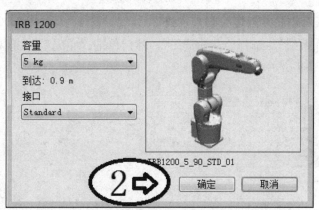

图 7-6　机器人位置更新确认

(3) 弹出"ABB RobotStudio"对话框，单击"是"按钮，则机器人运动与导轨运行同步，即机器人坐标系跟随导轨同步运动，如图 7-7 所示。

图 7-7　机器人与导轨同步确认

4. 创建动态夹具 SC_Gripper

创建动态夹具 SC_Gripper 的具体操作步骤见第 6.2 节 "机器人夹具的动态效果"，如图 7-8 所示。

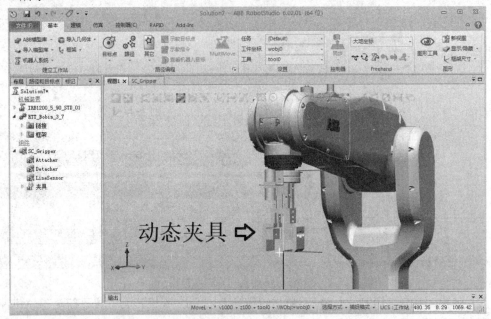

图 7-8　创建动态夹具

5. 布局机器人工作站并创建机器人系统

单击 "机器人系统"，选择 "从布局…"，然后单击 "完成"，实现机器人工作站布局及系统创建，如图 7-9 所示。

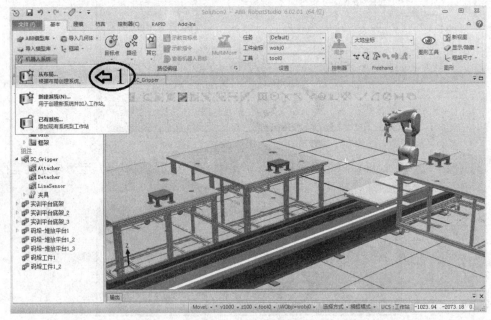

图 7-9　布局机器人工作站并创建机器人系统

6. 创建搬运轨迹程序

(1) 添加机器人 I/O 信号：在"控制器"功能选项卡下，单击"配置编辑器"，选择"I/O System"，右键单击"Signal"，选择"新建 Signal"，创建如表 7-1 所示的两个 I/O 信号。

表 7-1　机器人的 I/O 信号

	信号名称(Name)	信号类型(Type of Signal)
1	doGripper	Digital Output
2	diVacuumOK	Digital Input

创建完成后单击"重启"，选择"重启动(热启动)"。

(2) 设定工作站逻辑：在"仿真"功能选项卡中单击"工作站逻辑"，再进入"信号和连接"选项卡，单击"添加 I/O Connection"，依次添加如表 7-2 所示的两个 I/O 连接。

表 7-2　工作站 I/O 连接

	源对象	源信号	目标对象	目标信号
1	System	doGripper	SC_Gripper	diGripper
2	SC_Gripper	doVacuumOK	System	diVacuumOK

(3) 创建工件坐标及空路径，如图 7-10 所示。

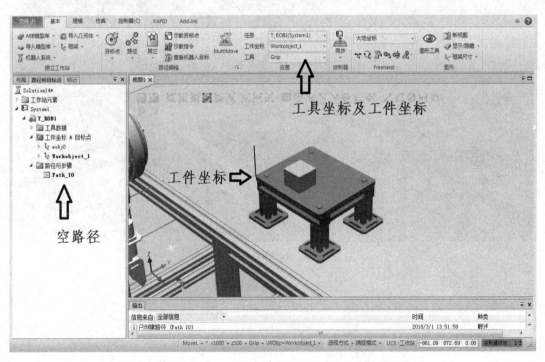

图 7-10　创建工件坐标及空路径

(4) 编写搬运轨迹程序，如图 7-11 所示。程序中各目标点的位置如图 7-12 所示。

```
PROC Path_10()
    MoveJ Target_10,v1000,fine,Grip\WObj:=Workobject_1;//回到初始点
    MoveJ Target_20,v1000,fine,Grip\WObj:=Workobject_1;//去取料点上方
    MoveL Target_30,v200,fine,Grip\WObj:=Workobject_1;//去第1个取料点
    Set doGripper;//夹紧取料
    WaitTime 0.5;//等待0.5s
    MoveL Target_20,v200,fine,Grip\WObj:=Workobject_1;//回到取料点上方
    MoveJ Target_40,v1000,fine,Grip\WObj:=Workobject_1;//去第1个放料点上方
    MoveL Target_50,v200,fine,Grip\WObj:=Workobject_1;//去第1个放料点
    Reset doGripper;//松开放料
    WaitTime 0.5;//等待0.5s
    MoveL Target_40,v200,fine,Grip\WObj:=Workobject_1;//回到第1个放料点上方
    MoveJ Target_20,v1000,fine,Grip\WObj:=Workobject_1;//去取料点上方
    MoveL Target_60,v200,fine,Grip\WObj:=Workobject_1;//去第2个取料点
    Set doGripper;//夹紧取料
    WaitTime 0.5;//等待0.5s
    MoveL Target_20,v200,fine,Grip\WObj:=Workobject_1;//回到取料点上方
    MoveJ Target_70,v1000,fine,Grip\WObj:=Workobject_1;//去第2个放料点上方
    MoveL Target_80,v200,fine,Grip\WObj:=Workobject_1;//去第2个放料点
    Reset doGripper;//松开放料
    WaitTime 0.5;//等待0.5s
    MoveL Target_70,v200,fine,Grip\WObj:=Workobject_1;//回到第2个放料点上方
    MoveJ Target_10,v1000,fine,Grip\WObj:=Workobject_1;//回到初始点
ENDPROC
```

图 7-11　搬运轨迹程序

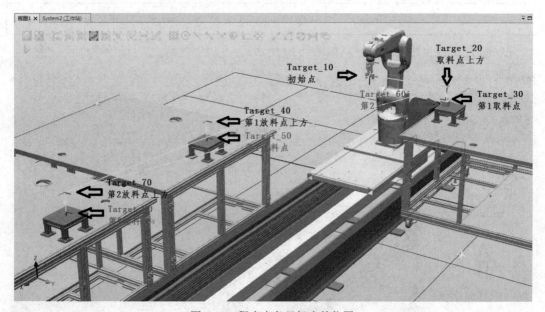

图 7-12　程序中各目标点的位置

7. 仿真运行

将程序同步到 RAPID 后，仿真运行并观察运行效果。

二、创建带变位机的机器人系统

1. 创建带变位机的机器人系统

(1) 在"基本"功能选项卡下，单击"ABB 模型库"，选择"IRB 120"，如图 7-13 所示。

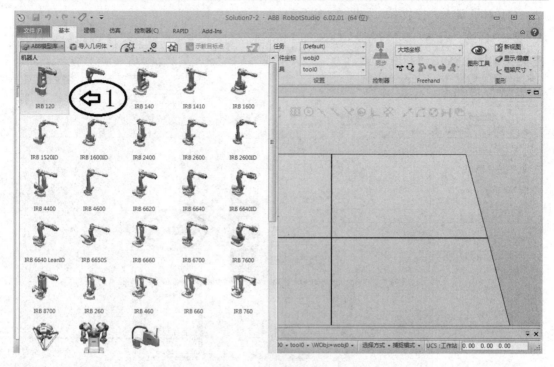

图 7-13　选择机器人

(2) 导入外围设备(实训平台底架)，如图 7-14 所示。

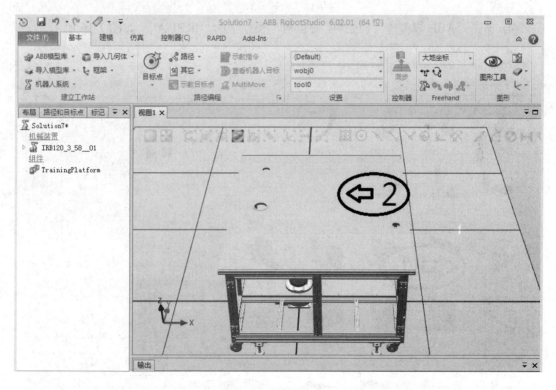

图 7-14　外围设备导入

（3）对机器人进行放置，如图 7-15 所示。

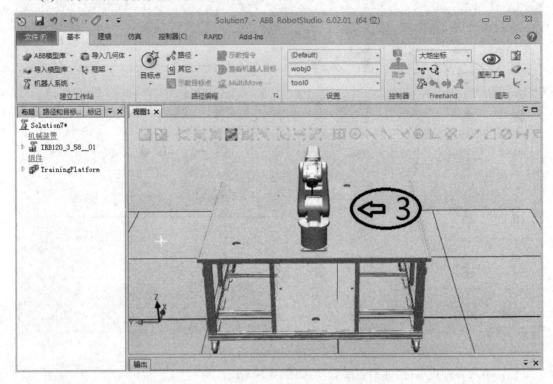

图 7-15　机器人的放置

（4）单击"ABB 模型库"，选择"变位机"类型中的"IRBP A"，如图 7-16 所示。

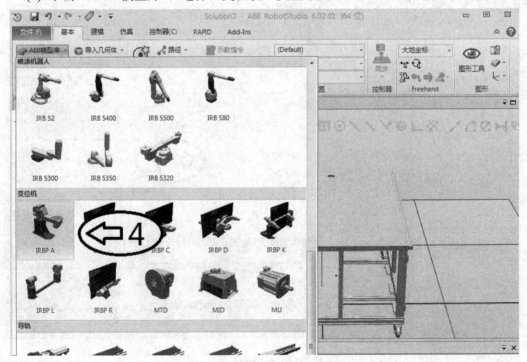

图 7-16　添加变位机

(5) 弹出"IRBP A"对话框,选择默认设置,单击"确认"按钮,如图 7-17 所示。

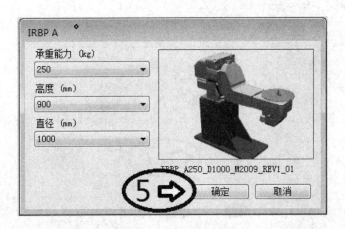

图 7-17 变位机参数设置

(6) 通过"Freehand"工具栏中的"手动线性"单击变位机 IRBP_A250,并将其拖动到合适位置,如图 7-18 所示。

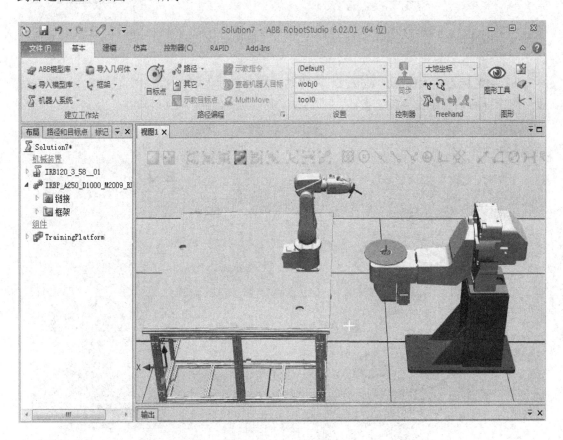

图 7-18 机器人和变位机布局

(7) 在"基本"功能选项卡中单击"导入模型库",在"设备"的"工具"类型中选择"Binzel_water22",如图 7-19 所示。

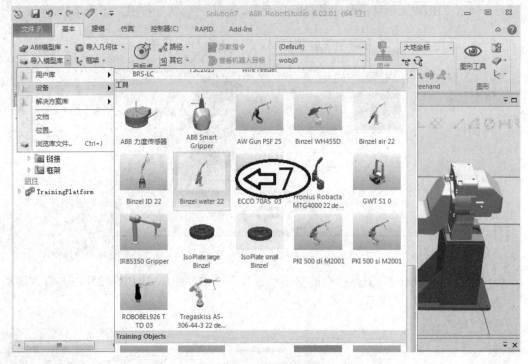

图 7-19　工具选择

(8) 用鼠标点住"Binzel_water22",将其拖放到机器人"IRB 120"上,弹出"更新位置"对话框后,再单击"是"按钮,即完成工具安装,如图 7-20 所示。

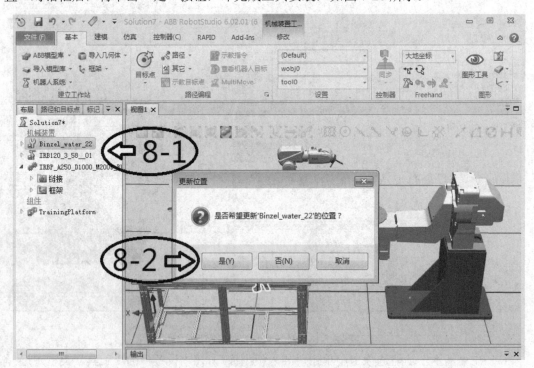

图 7-20　工具安装

(9) 单击"导入模型库",选择"浏览库文件",弹出"打开"对话框后导入待加工工件"Fixture_EA",如图 7-21 所示。

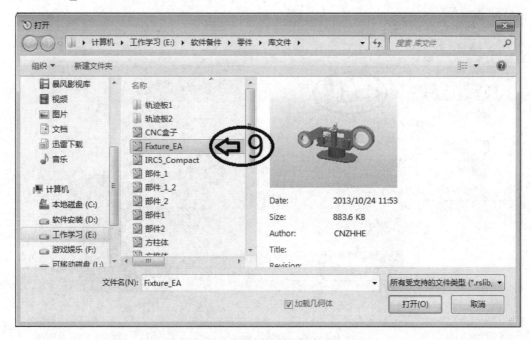

图 7-21　导入待加工工件"Fixture_EA"

(10) 在"布局"窗口中,用左键点住"Fixture_EA",将其拖放到变位机上,弹出"更新位置"对话框后单击"是"按钮,如图 7-22 所示。

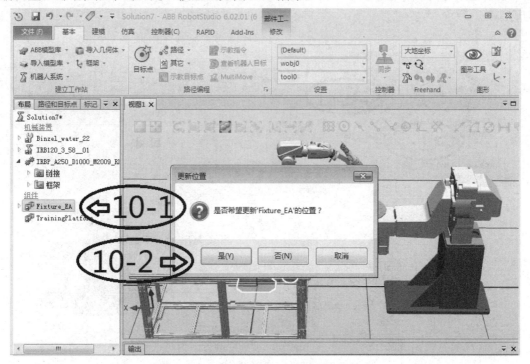

图 7-22　工件 Fixture_EA 安装到变位机上

(11) 单击"机器人系统",选择"从布局…",单击"完成",完成机器人系统创建,如图 7-23 所示。

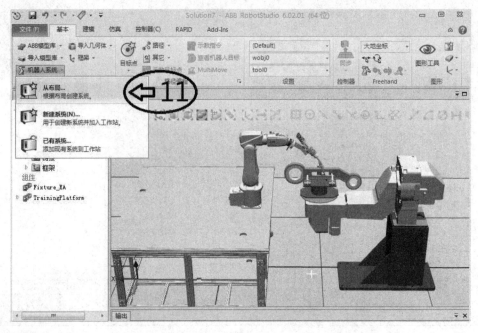

图 7-23　创建机器人系统

2. 创建运动轨迹并仿真运行

(1) 在"仿真"功能选项卡中单击"激活机械装置单元",勾选"STN1",如图 7-24 所示。

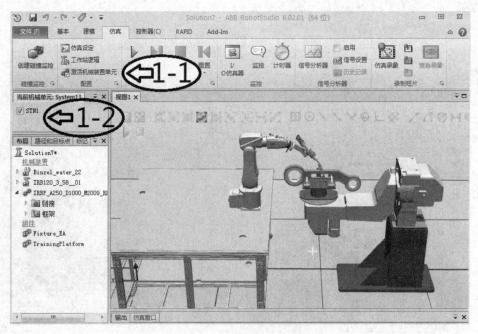

图 7-24　激活变位机

（2）在"基本"功能选项卡中，"工具坐标"设置为"tWeldGun"，如图 7-25 所示。

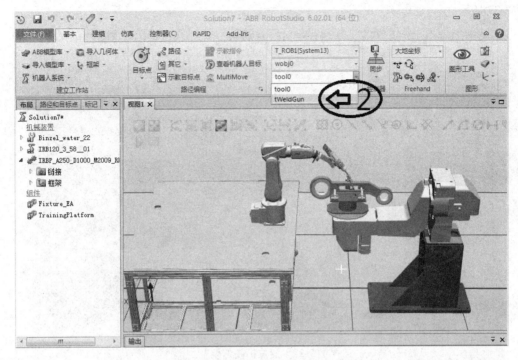

图 7-25　选择工具坐标

（3）利用"Freehand"中的"手动线性"及"手动关节"，将机器人运动到变位机的上方，避开变位机旋转工作范围以防干涉，并将工具末端调整成大致垂直于水平面的姿态，单击"示教目标点"，记录该位置，如图 7-26 所示。

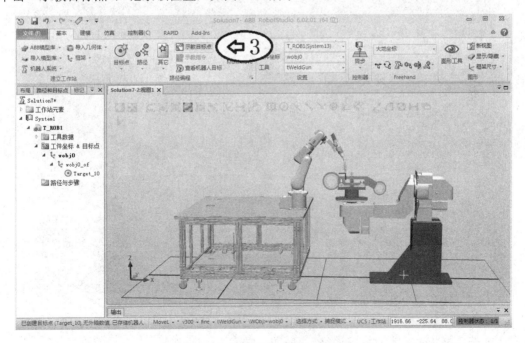

图 7-26　示教目标点(Target_10)

(4) 在"布局"窗口中，用鼠标右击变位机"IRBP"，单击"机械装置手动关节"，如图 7-27 所示。

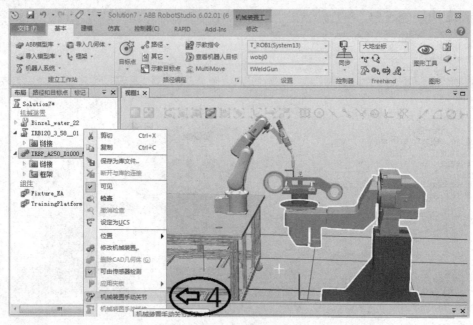

图 7-27　变位机姿态调整

(5) 单击第一个关节条，键盘输入 90，按下回车键，则变位机关节 1 运动至正 90° 位置，如图 7-28 所示。

(6) 单击"示教目标点"，将此位置记录下来，如图 7-28 所示。

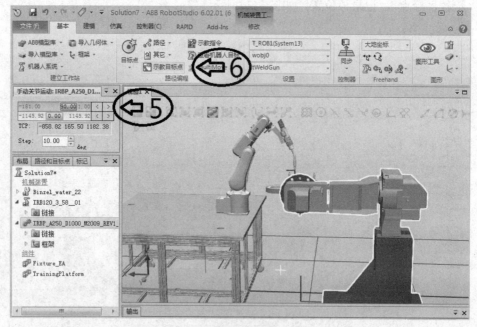

图 7-28　变位机姿态设置并示教安全点 Target_10

(7) 选取捕捉工具为"捕捉边缘"，如图 7-29 所示。

(8) 利用 "Freehand" 中的 "手动线性" 移动机器人捕捉到加工面的起始点后，关闭捕捉工具，利用 "手动线性" 把工具垂直向上拖动 50 mm 左右，作为进入点，如图 7-29 所示。

(9) 机器人到达进入点后，单击 "示教目标点"，如图 7-29 所示。

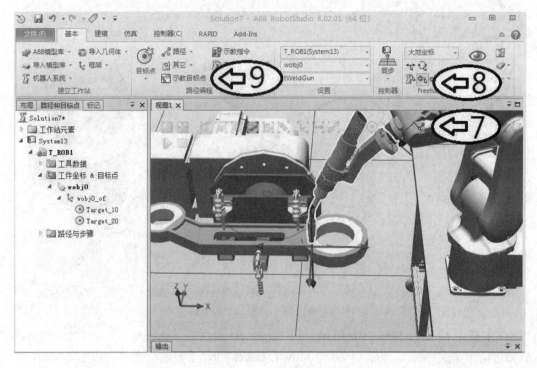

图 7-29　变位机姿态设置并示教进入点 Target_20

(10) 利用 "Freehand" 中的 "手动线性"，并配合捕捉工具，依次示教工作表面的 5 个目标点，如图 7-30 所示。

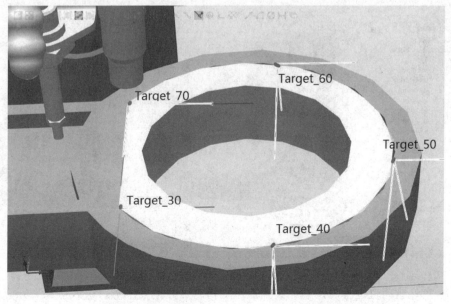

图 7-30　5 个目标点位置(Target_30～Target_70)

(11) 修改运动指令，类型为 MoveL，速度为 v300，转变半径为 fine，如图 7-31 所示。

(12) 选中所有点，单击右键，选择"添加新路径"，如图 7-31 所示。

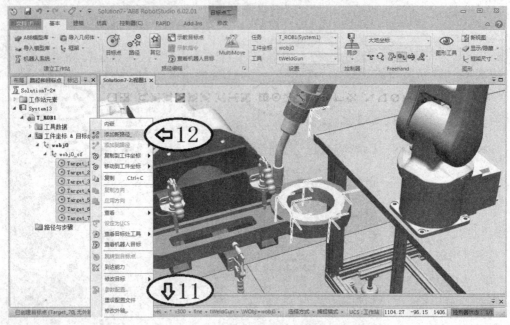

图 7-31　修改指令参数并添加新路径

(13) 选中 MoveL Target_40 和 MoveL Target_50 后右击，选择转换运动类型为 MoveC (圆弧运动)；选中 MoveL Target_60 和 MoveL Target_70，重复前面操作，如图 7-32 所示。

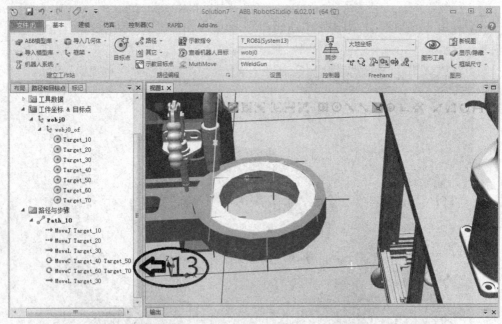

图 7-32　转换运动类型为 MoveC(圆弧运动)

(14) 完善运动轨迹程序，添加离开点运动指令，并把安全点、进入点和离开点运动指令改为 MoveJ，如图 7-33 所示。

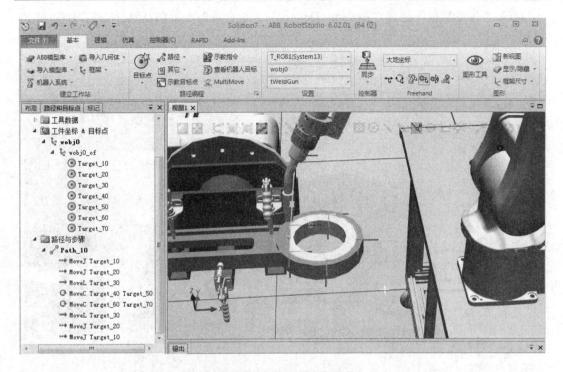

图 7-33　完善运动轨迹程序

（15）在"Path_10"上单击右键，单击"插入逻辑指令"，添加外轴控制指令 ActUnit 和 DeacUnit，以控制变位机的激活与失效，如图 7-34 所示。

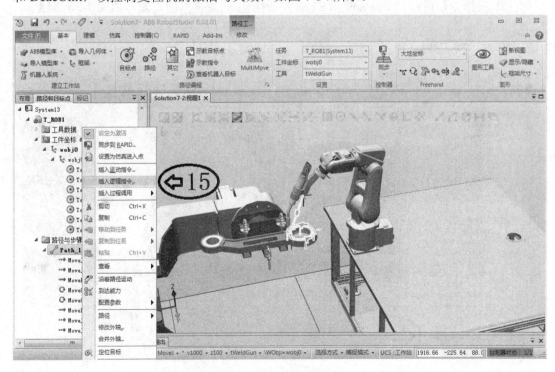

图 7-34　插入逻辑指令

(16) "指令模板"选择"ActUnit Default"，"指令参数"处默认选择"STN1"，如图7-35 所示。

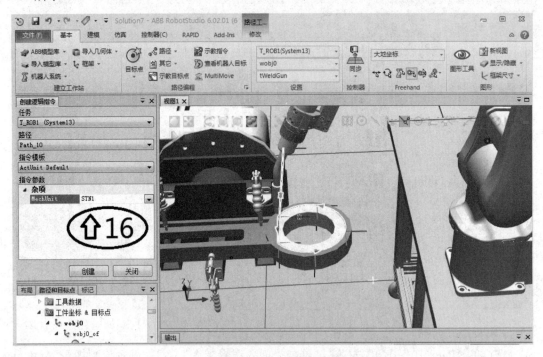

图 7-35　变位机激活设置

(17) 在指令最后添加"DeacUnit STNI"，用于控制变位机的失效，如图 7-36 所示。

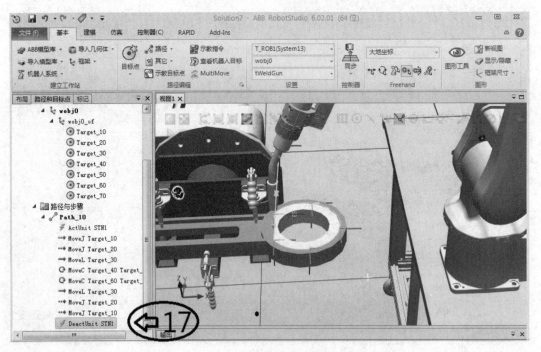

图 7-36　变位机失效设置

(18) 在"Path_10"上单击右键，选择"同步到 RAPID…"，如图 7-37 所示。

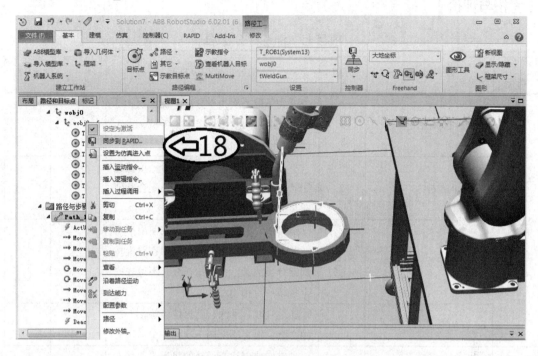

图 7-37　同步到 RAPID

(19) 在"仿真"功能选项卡中点击"播放"，执行仿真，观察机器人与变位机的运动，如图 7-38 所示。

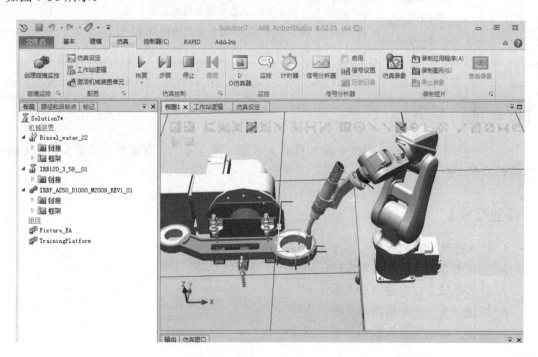

图 7-38　仿真运行

【考核与评价】

项目七　训练评分标准

一级指标	二级指标	分值	扣分点及扣分标准	扣分及原因	得分
训练过程(%)	1. 学习纪律	5	迟到早退一次扣1分；旷课一次扣2分；上课时间未按规定上交手机、讲小话、睡觉一次扣1分		
	2. 团队精神	5	不参加团队讨论一次扣1分；不接受团队任务安排一次扣2分；不配合其他成员完成团队任务一次扣2分		
	3. 操作规范	15	操作中，工具摆放不整齐或使用后不及时归位，一次扣3分；各种物料没按规定分类放置，一次扣3分；不遵守安全规范一次扣10分		
	4. 行为举止	5	随地乱吐、乱涂、乱扔垃圾等，一次扣2分；语言不文明一次扣1分		
训练结果(%)	1. 创建带导轨的机器人系统并仿真运行	35	独立完成创建带导轨的机器人系统并仿真运行，操作过程中每出现一次操作错误扣2分		
	2. 创建带变位机的机器人系统并仿真运行	35	独立完成创建带变位机的机器人系统并仿真运行，操作过程中每出现一次操作错误扣2分		
总计		100分			

【项目小结】

本项目介绍了带导轨及带变位机的机器人系统，重点讨论了创建复杂机器人仿真工作站的一般方法。

【作业布置】

1. 什么是带导轨的机器人系统？
2. 简述带导轨的机器人系统的作用。
3. 什么是带变位机的机器人系统？
4. 简述带变位机的机器人系统的作用。
5. 外轴控制激活与失效的指令分别是什么？

项目八　工业机器人的手动操纵

【项目描述】

　　熟练地使用示教器手动操纵机器人是进行工业机器人现场编程的基础。示教器是工业机器人系统中重要的人机交互部件，是一种手持装置。在机器人工作站及生产线调试过程中，主要利用示教器进行现场编程；在日常生产过程中，主要利用示教器进行程序的微调和机器人动作的优化；在机器人保养及故障维护过程中，主要利用示教器进行系统测试等工作。同时，保护人员及设备安全是进行机器人操作的基本前提。工业机器人操作及维护人员应该具备必要的安全防护知识，学习必要的机器人安全操作规程。

　　本项目将从机器人的日常使用与维护角度出发认识示教器，学习如何利用示教器选择适当的坐标系，以及如何利用示教器实现三种运动模式的手动操纵。

【教学目标】

1. 技能目标

- ➢ 认识示教器；
- ➢ 认识坐标系；
- ➢ 掌握利用示教器选择坐标系的方法；
- ➢ 掌握利用示教器选择运动模式的方法；
- ➢ 掌握利用示教器进行三种运动模式手动操纵的方法。

2. 素养目标

- ➢ 具有发现问题、分析问题、解决问题的能力；
- ➢ 具有高度责任心和良好的团队合作能力；
- ➢ 培养良好的职业素养和一定的创新意识；
- ➢ 养成"认真负责、精检细修、文明生产、安全生产"等良好的职业道德。

【知识准备】

一、工业机器人使用安全环境

1. 安全标准

工业机器人的设计、研发、生产和使用过程需要符合多类标准。例如：ABB 工业机器人既符合机械安全、使用安全、气体排放指标、弧焊等特种工艺防护安全等国际标准，也符合人体工程学机械结构、机器人双臂控制驱动器、可移动式装置防护安全标准等欧洲标准，同时还符合美国关于工业机器人及机器系统的安全要求、机器人及机械设备的安全标准以及工业机器人的一般安全要求。

2. 安全术语

ABB 工业机器人的安全术语可分为安全信号和安全标志两类。

(1) 安全信号：为了指明危险等级和危险类型，通过简要描述操作及维修人员未排除险情时会出现的情况，而设计出来的一组图标。危险等级如表 8-1 所示，可以指导操作及维修人员通过图标提示的危险等级来确定防护级别。

表 8-1　ABB 工业机器人的安全信号

标志	名称	含　义
⚠	危险 (Danger)	警告，如果不依照说明操作，就会发生事故，并导致严重或致命的人员伤害和/或严重的产品损坏。它适用于诸如接触高压电气装置、爆炸或火灾、有毒气体风险、压轧风险、撞击和从高处跌落等危险所采用的警告
⚠	警告 (Warning)	警告，如果不依照说明操作，可能会发生事故，该事故可造成严重的伤害(可能致命)和/或重大的产品损坏。它适用于诸如接触高压电气装置、爆炸或火灾、有毒气体风险、压轧风险、撞击和从高处跌落等危险所采用的警告
⚡	电击 (Electrical Shock)	针对可能会导致严重的人员伤害或死亡的电气危险的警告
⊙	小心 (Caution)	警告，如果不依照说明操作，可能会发生能造成伤害和/或产品损坏的事故。它适用于包括烧伤、眼睛伤害、皮肤伤害、听觉损害、压轧或打滑、跌倒、撞击和从高处跌落等风险的警告。此外，安装和卸除有损坏产品或导致故障的风险的设备时，它还适用于包括功能需求的警告
⚠	静电放电 (Electrostatic Discharge, ESD)	针对可能传导到严重产品损坏的电气危险的警告
ℹ	注意 (Note)	描述重要的事实和条件
💡	提示(Tip)	描述从何处查找附加信息或者如何以更简单的方式进行操作

(2) 安全标志：单独或成组粘贴在示教器及控制柜上，包含有关该工业机器人重要信息的一组图标，也可称为安全标签。安全标志可以为操作及维修人员在使用设备前提供必要的操作提示，如表 8-2 所示。

表 8-2　ABB 工业机器人的安全标志

标志	说　明	标志	说　明
	拆卸前，请先参见产品手册		提升机器人
	请勿拆卸 拆卸此部件可能会造成伤害		油 如果不允许使用油，则可与禁止标志结合使用
	扩展旋转 与标准相比，此轴扩展旋转(工作区域)		机械停止
	制动释放 按此按钮将释放制动闸。这意味着操纵器臂可能会跌下		存储的能源 警告，此部件存有能源，与请勿拆卸标志结合作用
	拧松螺栓时的翻倒风险 如果螺栓没有固定牢固，则操纵器可能会翻倒		压力 警告，此部件受压，通常包含有关压力级别的附加文本
	挤压 挤压伤害风险		用手柄关闭 使用控制器上的电源开关
	热 热风险可能会造成烧伤		警告！ 警告，如果不依照说明操作，可能会发生事故，该事故可造成严重的伤害(可能致命)和/或重大的产品损坏。它适用于诸如接触高压电气装置、爆炸或火灾、有毒气体风险、压轧风险、撞击和从高处跌落等危险所采用的警告
	移动机器人 机器人可在意外情况下移动		小心！ 警告，如果不依照说明操作，可能会发生造成伤害和/或产品损坏的事故。它适用于包括烧伤、眼睛伤害、皮肤伤害、听觉损害、压轧或打滑、跌倒、撞击和从高处跌落等风险的警告。此外，安装和卸除有损坏产品或导致故障的风险的设备时，它还适用于包括功能需求的警告
	制动闸释放按钮		禁止 与其他标志结合使用
	吊环		产品手册 有关详细，请阅读产品手册

二、工业机器人使用安全规程

1. 安全注意事项

工业机器人系统在使用时一般需要遵守如下原则：

(1) 如果在保护空间内有工作人员，请手动操作机器人系统；

(2) 当进入保护空间时，请始终带好示教器，以便随时控制机器人；

(3) 确保旋转或运动的工具，如切削刀具，在接近机器人之前均已经停止运动；注意工件和机器人系统的高温表面，在机器人电机长期运转后温度会很高。

(4) 确保夹具夹好工件。如果夹具打开，则工件易脱落并导致人员伤害或设备损坏。

(5) 即使断电，也须注意液压、气压系统以及带电部件上的残余电量，易造成危险。

2. 示教器的安全使用机制

示教器是工业机器人系统的重要部件之一，是一款高品质手持终端，配备有高灵敏度的先进电子设备。为避免操作不当引起的故障或损坏，应在操作时遵循以下规则：

(1) 小心搬运，切勿摔打、抛掷或用力撞击示教器，以防出现破损或故障；

(2) 如果示教器受到撞击，则始终要验证并确定其安全功能(使能装置和紧急停止)工作正常且未损坏；

(3) 设备不使用时，应将其放置于立式壁架(卡座)上，防止意外脱落；

(4) 使用和存放示教器时始终要确保电缆不会将人绊倒；

(5) 切勿使用锋利的物体(如螺丝刀或笔尖)操作触摸屏，否则易使触摸屏受损，应使用手指或触摸笔。

(6) 定期清洁触摸屏，以免灰尘和小颗粒覆盖触摸屏造成故障。

(7) 切勿使用溶剂、洗涤剂清洁示教器，应使用软布蘸少量水或中性清洁剂进行清洁。

(8) 没有连接 USB 设备时务必盖上 USB 端口的保护盖，否则端口暴露在灰尘中易造成中断或发生故障。

3. 重新启动锁定的示教器

在因为软件错误或误用而锁定示教器的情况下，可以使用控制杆或者使用重置按钮(位于带有 USB 端口的示教器背面)解除锁定。示教器解除锁定的操作如表 8-3 所示。

表 8-3　示教器解除锁定的操作

步骤	操　作	参　考　信　息
1	将控制杆向右完全倾斜移动三次	控制杆必须移动到其极限位置
2	将控制杆向左完全倾斜移动一次	
3	将控制杆向下完全倾斜移动一次	
4	随即显示一个对话框，点击 Reset(重置)	重新启动 FlexPendant

4. 控制柜的安全保护机制

控制柜是工业机器人系统最重要的部件，是工业机器人系统的心脏。为避免操作不当引起故障或损坏，在操作时须遵循以下规则：

(1) 控制柜提供了四种安全保护机制，如表 8-4 所示。

表 8-4　控制柜的安全保护机制

安全保护	保护机制
GS(常规模式)	在任何操作模式下都有效
AS(自动模式)	在自动操作模式下有效
SS(上级安全)	在任何操作模式下都有效
ES(紧急停止)	在急停按钮被按下时有效

(2) 控制柜可以持续监控硬件和软件的功能，一旦检测到任何问题或错误，将启动如表 8-5 所示的故障应对机制。

表 8-5　故障应对机制

故障程度	应对机制
简单且易于解决	发出简单的程序停止指令(SYSSTOP)
轻微并且可能解决	发出 SYSHALT 指令，实施安全停止
严重，如导致硬件损坏	发出 SYSFAIL 指令，实施紧急停止，必须重新启动控制器才能返回正常操作

5. 手动模式(减速、全速)下的安全注意事项

手动模式用于对机器人系统进行编程和调试。手动模式可为分两种：手动减速模式(简称手动模式)和手动全速模式。在手动模式下，为避免操作不当引起的故障或损坏，须在操作时遵循以下规则。

(1) 操作速度：在手动模式下，机器人只能减速(250 mm/s 或更慢)运行(移动)。只要在安全保护空间之内工作，就应始终以减速模式进行操作；手动全速模式下，机器人以预设速度移动。手动全速模式应仅用于所有人员都位于安全保护空间之外的情况，而且操作人员必须经过特殊训练，深知潜在的危险。

(2) 忽略安全保护机制：在手动模式下，将忽略自动模式安全保护停止(AS)机制。

(3) 使能机制：在手动模式下，机器人的电机将由示教器上的使能器启动，即只有按下使能开关才能使机器人运动。

(4) "止-动"功能：要在手动全速模式下运行程序，为安全起见，必须同时按住使能开关和 Start(启动)按钮以启动"止-动"功能。该功能允许在手动全速模式下单步或连续运行程序。

6. 自动模式下的安全注意事项

自动模式用于在生产中运行机器人程序。在自动模式下，使能开关断开，机器人在没

有人工干预的情况下运行。在自动模式下，为避免操作不当引起的故障或损坏，须在操作时遵循以下规则。

(1) 操作速度：在自动模式下，机器人以预设的速度运行(移动)。机器人自动运行时，所有人员都应位于安全保护空间之外，而且操作人员必须经过特殊训练，深知潜在的危险。

(2) 有效安全保护机制：在自动模式下，常规模式安全停止(GS)机制、自动模式安全停止(AS)机制、上级安全停止(SS)机制和紧急停止(ES)机制都处于活动状态。

(3) 系统链干扰：自动模式下的机器人作为生产线的一部分，一旦出现故障，会影响整个系统。此时，生产线人员必须准备备用机器人，以便替换故障机器人。

三、示教器简介

示教器是工业机器人重要的控制及人机交互部件，它是一种手持装置。以 ABB IRC5 示教器为例，在现场编程条件下，机器人的运动操作需要使用示教器完成，对示教器的绝大多数操作都是在其触摸屏上完成的，同时示教器也保留了必要的按钮与操作装置。

1. 示教器外观及布局

从正面看，ABB IRC5 示教器包含了带有人机交互界面用于参数设置及编程操作的"触摸屏"、用于与控制柜进行连接"连接电缆"、用于摆放示教器的"卡座"、用于控制系统紧急停止的"急停开关"、用于设置 I/O 端子状态的"快捷功能键"、用于选择机器人型号的"机器人选型切换按钮"、用于进行线性运行和重定位运动的"运动模式切换按钮"、用于手动操纵机器人的"操纵杆"、用于在单轴运动模式下进行切换的"1-3 轴/4-6 轴切换按钮"、用于进行机器人速度控制的"增量设置按钮"，以及用于机器人程序调试的"功能键"。

ABB IRC5 示教器的正面布局如图 8-1 所示。

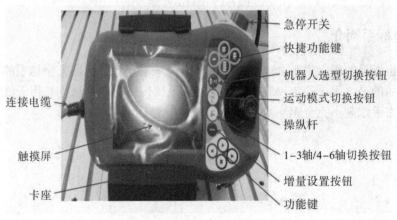

图 8-1　ABB IRC5 示教器的正面布局

ABB IRC5 示教器的背面布局如图 8-2 所示，包括用于与机器人控制柜连接用的"示教器连接电缆"、在触摸屏上使用的笔与笔槽、用于数据备份与还原的"USB 接口"、用于示教器在手持状态下使用的"绑绳"、用于控制机器人系统启停的"使能器按钮"、用于恢复出厂设置的"示教器复位按钮"。

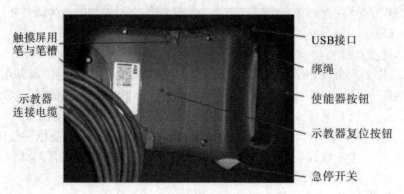

图 8-2   ABB IRC5 示教器背面布局

2. 手持示教器

ABB IRC5 示教器采用人体工程学设计，手持时，一般采用左手端握、右手操作的方式，如图 8-3 所示。

左手端握   ⇧   右手操作 ⇨

图 8-3   手持示教器

四、坐标系简介

在进行坐标系的概念说明之前，先了解什么是基于 ABB 机器人坐标系的右手法则。特别需要说明的是，用于确定 ABB 机器人坐标系所使用的右手法则与用于确定标准笛卡尔坐标系的右手法则不完全相同。

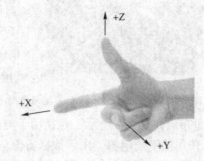

图 8-4   基于 ABB 机器人坐标系的右手法则

将右手摆成如图 8-4 所示的姿势，把手掌根部看成机器人的基座，此时食指指向 X 轴

(前后)正方向，中指指向 Y 轴(左右)正方向，大拇指指向 Z 轴(上下)正方向。

1. 基坐标系

概念：以机器人的基座中心点为原点，使用右手法则以原点构建出的坐标系如图 8-5 所示。

特点：因为基坐标系位于机器人基座，所以它是最便于机器人从一个位置移动到另一个位置的坐标系。

应用：在工作站内部改变了机器人本体位置的情况下使用。当手动操纵机器人进行线性运动时系统默认选择基坐标系。

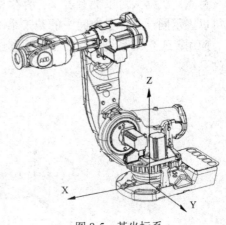

图 8-5　基坐标系

2. 大地坐标系

概念：空间中有 2 台机器人按照图 8-6 所示的方式摆放，其各自的基坐标系分别为坐标系Ⓐ和坐标系Ⓒ，这两个坐标系方向相反，我们可引入大地坐标系Ⓑ，由机器人 1 和机器人 2 共用。

特点：因为大地坐标系在工作单元或工作站中的固定位置有其相应的零点，所以它是最便于处理多台机器人或由外轴移动的机器人。

应用：工作站系统内部存在多台不同摆放姿势的机器人需要协同工作，例如，多机器人分拣系统。

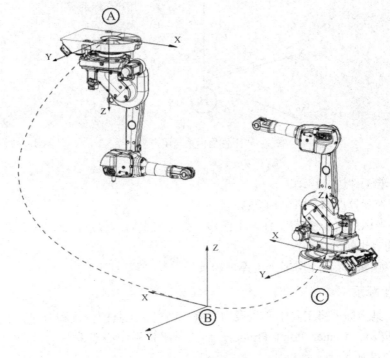

图 8-6　大地坐标系

3. 工件坐标系

概念: 台面上摆有 2 个工件,其工件坐标系分别为坐标系ⓒ和坐标系ⓓ,它们定义了各工件相对于大地坐标系ⓑ(或其他坐标系)的位置,如图 8-7 所示。

特点: 机器人可以拥有若干工件坐标系,这些坐标系既可以表示若干个不同的工件,也可以表示同一工件在空间中的若干个不同位置(也可称位移坐标系)。

应用: 工作站系统中存在工件位移或工件传输,例如:码垛工作站或传送带上下料工件站系统。

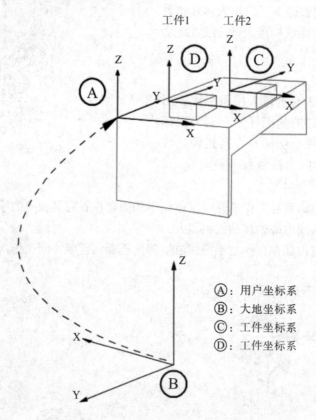

图 8-7　工件坐标系与用户坐标系

优势:

(1) 可沿着工件边缘移动;

(2) 可作为示教点的参照坐标系;

(3) 工件坐标系的偏移(若工件发生偏移,则不需重新示教点,而只需重新设定工件坐标系,示教的点也随之移动);

(4) 轨迹编程时,可使用多个工件坐标系。

4. 工具坐标系

概念: 工具坐标系将工具中心点设为零点,以定义工具的位置和方向。工具坐标系常缩写为 TCPF(Tool Center Point Frame),而工具坐标系中心点缩写为 TCP (Tool Center Point),如图 8-8 所示。

特点：执行程序时，机器人按设定的路径目标点将 TCP 移至编程位置。如果要更改工具(以及工具坐系)，机器人的移动将会随之更改，以使新的 TCP 到达目标点。

应用：操纵机器人时可不改变机器人工具方向，例如：手动操纵机器人进行重定位运动时系统默认选择工具坐标系。

优势：

(1) 可围绕 TCP 点改变方向；

(2) 可沿工具坐标系方向移动；

(3) 在运动编程时使用(TCP 点保持已编程的运行速度)。

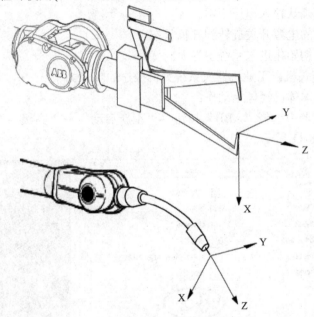

图 8-8 工具坐标系

5. 用户坐标系

概念：一个用户坐标系中可以包含多个工件坐标系，用于表示固定装置、工作台等设备，如图 8-7 所示。

特点：因为用户坐标系提供了一个高于工件坐标系但低于大地坐标系的坐标系级别，所以移动用户坐标系时，其内部包含的工作坐标系也会同步移动，而无需重新定义。

应用：工作站系统中包含多个工件坐标系时，可创建用户坐标系进行统一管理，所以此坐标系有助于处理包含有工件或其他坐标系的问题。

五、运动模式简介

手动操纵机器人运动一共有三种模式：单轴运动、线性运动和重定位运动。

(1) 单轴运动：每次手动操纵时，只驱动机器人的一个关节轴运动。

(2) 线性运动：每次手动操纵时，机器人第 6 轴法兰盘上工具的 TCP 在空间中做线性运动。

(3) 重定位运动：每次手动操纵时，机器人第 6 轴法兰盘上工具的 TCP 在空间中绕着坐标轴旋转运动。

【项目实施】

一、机器人系统的基本操作

1. 机器人系统的开关机

(1) 机器人系统开机。工业机器人系统开机操作的步骤如下：

① 检查线缆，确认输入电压正常。

② 将控制柜上的电源开关旋转到开机状态。

③ 等待示教器初始化进入系统主界面。

(2) 机器人系统关机。工业机器人系统关机操作的步骤如下：

① 确定机器人本体已经停止动作；

② 依次在示教器中选择"ABB"按钮→"重新启动"→"高级..."→"关闭主计算机"，如图 8-9～图 8-11 所示。

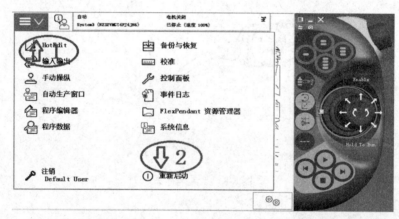

图 8-9 选择"ABB"按钮→"重新启动"

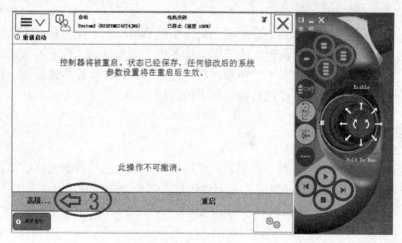

图 8-10 选择"高级..."

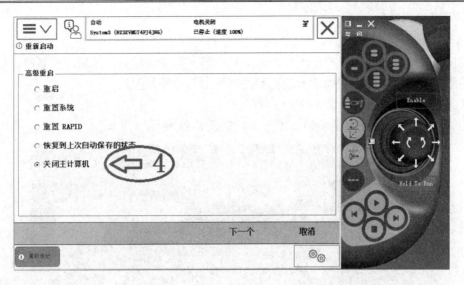

图 8-11　选择"关闭主计算机"

③ 关闭控制柜上的电源开关。

2. 机器人系统重新启动

(1) 需要重新启动机器人系统的情况如下：

① 安装了新的硬件。

② 更改了机器人系统配置参数。

③ 出现了系统故障(SYSFAIL)。

④ RAPID 程序出现了程序故障。

(2) ABB 工业机器人的重启类型如表 8-6 所示。

表 8-6　重启类型

类型	别称	保护机制
热启动	重启	使用当前的设置重新启动当前系统
关机	关闭主计算机	关闭主机
B-启动	恢复到上次自动保存的状态	重启并尝试回到上一次的无错状态，一般在当前系统故障时使用
P-启动	重置 RAPID	重启并将用户加载的 RAPID 程序全部删除
I-启动	重置系统	重启并将机器人系统恢复到出厂状态

(3) 重新启动机器人系统的操作步骤如下：

① 确定机器人本体已经停止动作。

② 在示教器的"重新启动"界面中选择"某类重启"。

③ 等待系统重启后，示教器初始化进入系统主界面。

需要指出的是，各类重启操作后，不能关闭电源，关机操作除外。

3．紧急情况处理

(1) 紧急停止系统。

在机器人操纵区域内有工作人员、末端操作器伤害了工作人员或机器设备时，应立即按下任意紧急停止按钮，例如，示教器和控制柜上的急停开关。

紧急停止系统的操作步骤如下：

① 按下示教器或控制柜上的急停开关，如图 8-12 所示。

图 8-12 　"急停开关"位置

② 观察示教器触摸屏的信息栏，此处显示机器人系统已处于"紧急停止"状态，如图 8-13 所示。

图 8-13 　按下"急停开关"效果显示

(2) 紧急停止状态的恢复处理。

从紧急停止状态恢复正常运行是一个简单却非常重要的步骤，只有当系统存在的危险完全排除后才能进行此恢复操作，即旋转打开被"锁住"的急停开关，然后按下电机开启按钮，从而使系统从紧急停止状态恢复正常操作。

紧急停止状态的恢复操作步骤如下：

① 旋转急停开关，使其复位，示教器显示系统处于"紧急停止后等待电机开启"状态，如图 8-14 所示。

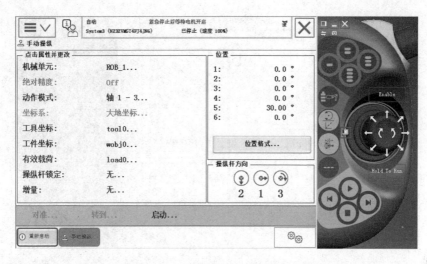

图 8-14　急停开关复位后状态

② 按下控制柜上的电机开启按钮，如图 8-15 所示。

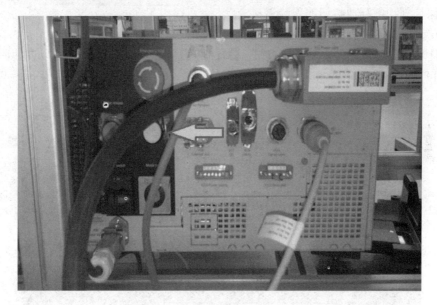

图 8-15　电机开启按钮

③ 示教器显示"防护装置停止"，表明系统已经恢复，如图 8-16 所示。

(3) 制动闸释放。机器人各轴均带有制动闸，当机器人停止时，制动闸使能。某些情况下，我们需要手动释放制动闸，控制柜上的制动闸释放按钮可以完成此功能。

在释放制动闸时应注意以下事项：

① 机器人的制动闸应在带电情况下手动释放，如有必要，需使用高架起重机、叉车或类似设备来保护机器人手臂；

② 当控制柜电源开关为"开"时，即使系统处于紧急状态，电源依然供电，当工厂或车间电力中断时，使用电池为制动系统供电；

③ 机器人型号不同，制动闸释放按钮的位置也不同。

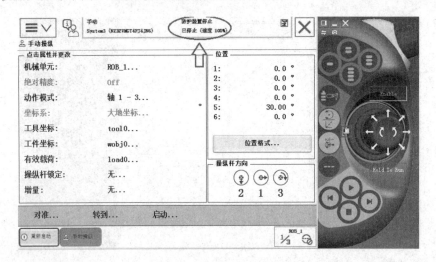

图 8-16　急停恢复后的状态

制动闸释放按钮的使用方法如下：

① 翻起制动闸释放按钮的保险盖；

② 托起机器人手臂；

③ 使用"点动"方式按下释放按钮，并仔细观察机器人各关节状态，以便随时松开按钮，如图 8-17 所示。

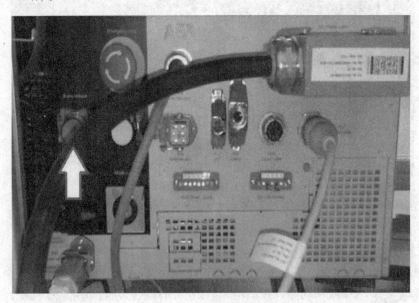

图 8-17　制动闸释放按钮

注意：此类操作非常危险，切勿随意尝试。

(4) 火灾应对。

发生火灾时，先确保全体人员安全撤离后再行灭火。当电气设备(例如机器人本体或控制柜)起火时，须使用二氧化碳灭火器，切勿使用水或泡沫灭火器。

二、示教器的基本操作与设置

1. 使能器按钮的使用

示教器上的使能器按钮是工业机器人为保证操作人员人身安全而设置的。只有在按下使能器按钮，并保持在"电机开启"的状态，才可对机器人进行手动操作与程序的调试。当发生危险时，人会本能地将使能器按钮松开或按紧，则机器会马上停下来，保证安全。

使能器按钮分为两挡，在手动状态下第一挡按下，机器人将处于电机开启状态。在第一挡的基础上继续用力按下使能器按钮后，将进入第二挡，机器人又处于防护装置停止状态。

2. 设置示教器的显示语言

ABB 工业机器人的示教器出厂默认显示语言是英语，为了方便操作，可以设置为中文。操作步骤如下：

(1) 在示教器的触摸屏上，单击"ABB"按钮，如图 8-18 所示。

(2) 在弹出的主界面中，选择"Control Panel"，如图 8-18 所示。

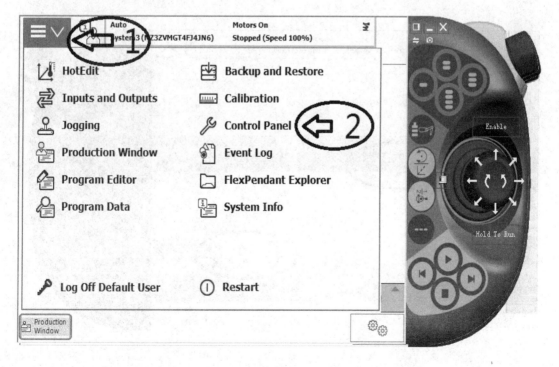

图 8-18 选择"ABB"按钮→"Control Panel"

(3) 进入"Control Panel"选项卡后，选择"Language"选项，如图 8-19 所示。

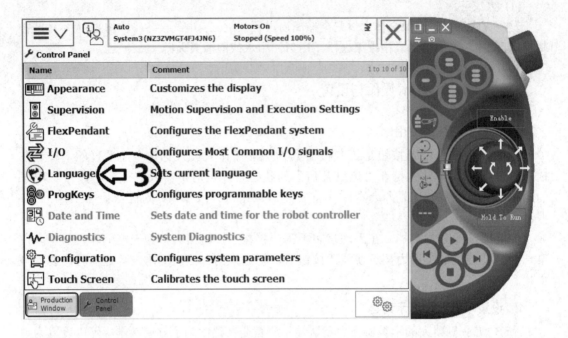

图 8-19　选择"Language"

(4) 进入"Language"选项卡后，选择"Chinese"，然后再点击"OK"，如图 8-20 所示。

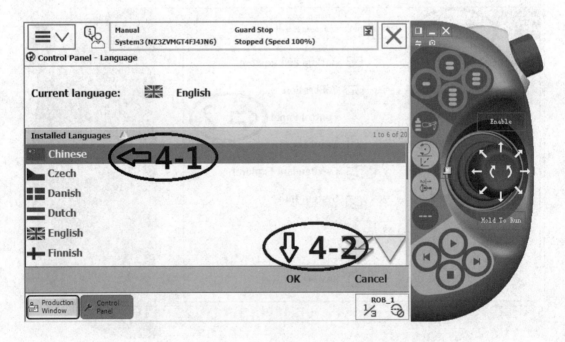

图 8-20　选择"Chinese"

（5）在弹出对话框中，单击"Yes"按钮，系统重启后将显示中文菜单，如图 8-21 所示。

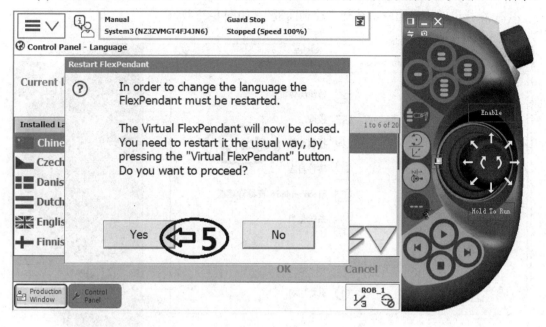

图 8-21 系统重启

3. 示教器的状态栏

示教器的状态栏用于显示当前状态的相关信息，例如操作员窗口、操作模式、系统名称、控制器状态、程序状态及机械单元等，如图 8-22 所示。

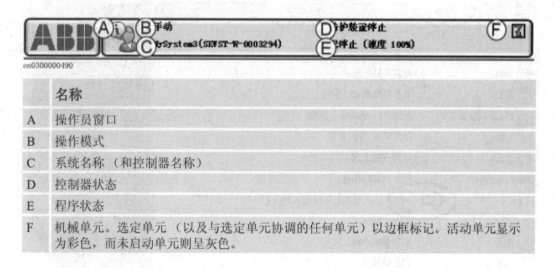

	名称
A	操作员窗口
B	操作模式
C	系统名称（和控制器名称）
D	控制器状态
E	程序状态
F	机械单元。选定单元（以及与选定单元协调的任何单元）以边框标记。活动单元显示为彩色，而未启动单元则呈灰色。

图 8-22 示教器的状态栏

4. 设置机器人系统的时间

为了方便进行文件管理和故障的查阅与管理，在进行各项操作之前需要将机器人的系统时间设置为本地时区时间。设定机器人系统时间的操作步骤如下：

(1) 在示教器的触摸屏上，单击"ABB"按钮，如图 8-23 所示。

(2) 在弹出的主界面中，选择"控制面板"，如图 8-23 所示。

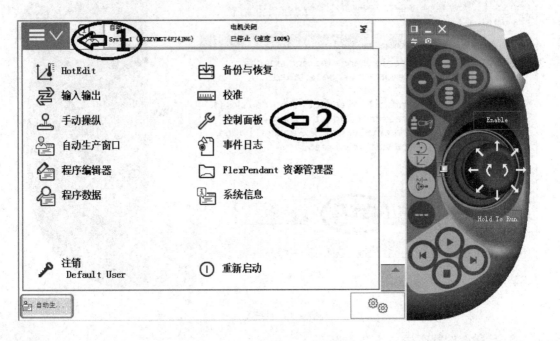

图 8-23　选择"ABB"按钮→"控制面板"

(3) 进入"控制面板"选项卡后，选择"日期和时间"选项，如图 8-24 所示。

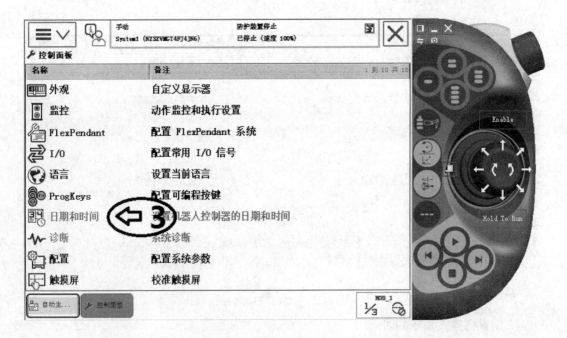

图 8-24　选择"日期和时间"

(4) 进入"日期和时间"选项卡后，就可以进行时间设置了，设置完成后点击"确定"，即可更新系统时间，如图 8-25 所示。

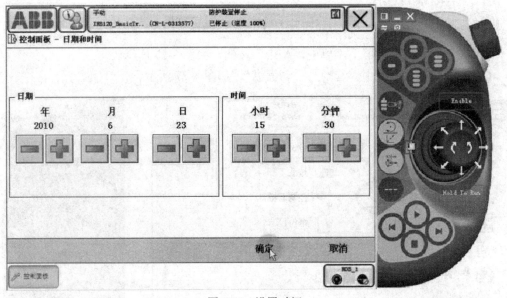

图 8-25 设置时间

5. 查看常用信息和事件日志

事件日志主要用于记录机器人运行情况的历史信息，便于机器人操作及维护人员了解机器人的使用情况，及时发现和处理问题。在示教器中，可以通过触摸屏画面上方的信息栏进行 ABB 机器人常用信息的查看，步骤如下：

(1) 在示教器的触摸屏上，单击"信息栏"，即可查看事件日志清单，如图 8-26 所示。

(2) 如需查看某条日志的详细信息，只需要单击选择对应的记录即可，如图 8-26 所示。

(3) 再次按下"信息栏"后，"事件日志"清单将关闭。

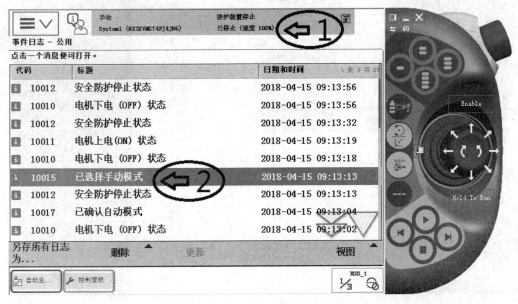

图 8-26 事件日志查看

三、坐标系的选择

选择坐标系的操作步骤如下：

(1) 在示教器的触摸屏上，单击"ABB"按钮，如图 8-27 所示。

(2) 在弹出的主界面中，选择"手动操纵"，如图 8-27 所示。

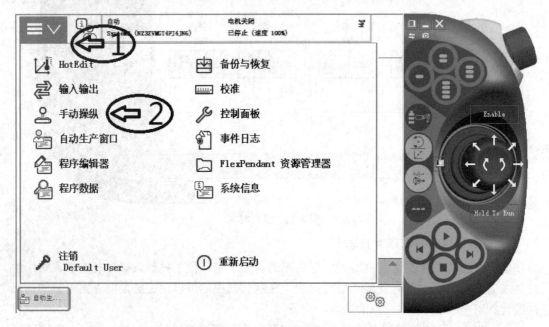

图 8-27　选择"ABB"按钮→"手动操纵"

(3) 在"手动操纵"界面中，观察"坐标系"选项是否可选，如图 8-28 所示。

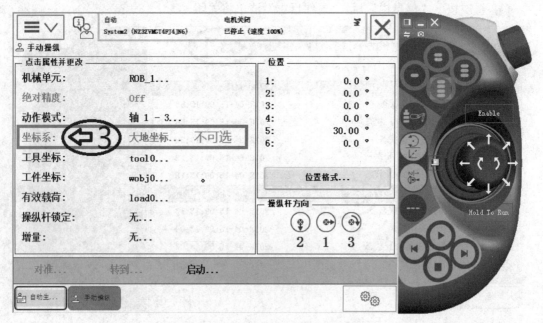

图 8-28　"坐标系"选项是否可选

（4）如果"坐标系"不可选，则可通过修改"动作模式"为"线性"或"重定位"，将"坐标系"调整为可选，如图 8-29 所示。

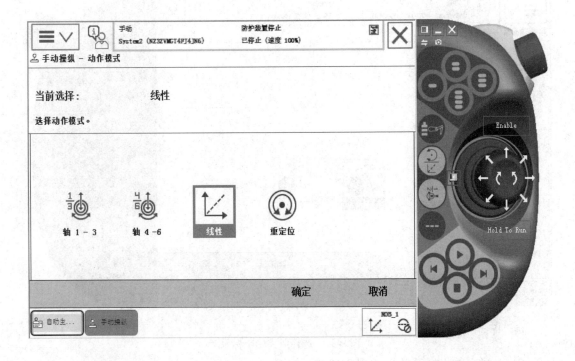

图 8-29　设置"坐标系"为可选

（5）单击可选的"坐标系"选项，如图 8-30 所示。

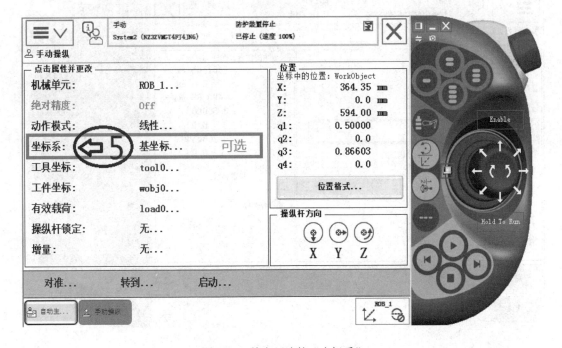

图 8-30　单击可选的"坐标系"

(6) 在弹出的界面中，选择所需的坐标系后，点击"确定"，如图 8-31 所示。

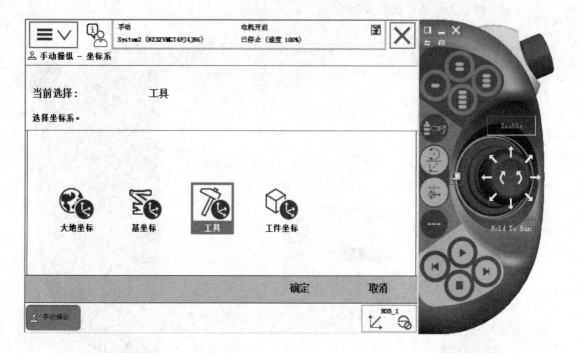

图 8-31　选择所需的坐标系

(7) 选择后的坐标系效果如图 8-32 所示。

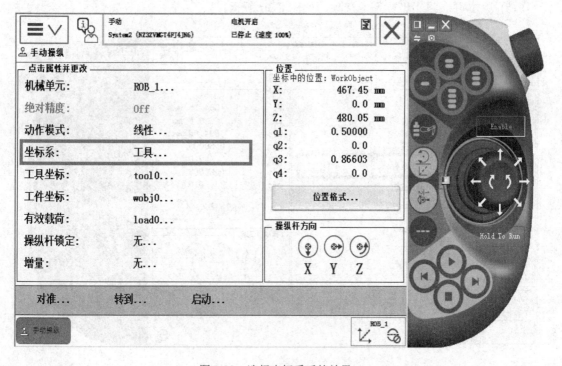

图 8-32　选择坐标系后的效果

四、运动模式的选择

1. 常规操作

常规操作的步骤如下：

(1) 将控制柜上的机器人状态钥匙切换到手动限速状态，如图8-33所示。

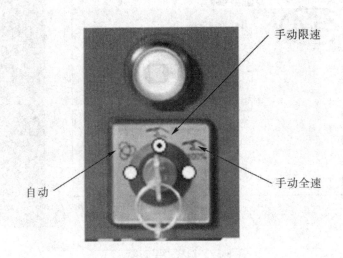

图8-33　机器人状态钥匙切换开关

(2) 在示教器的信息栏中，确认机器人已切换至手动状态，如图8-34所示。

(3) 在示教器的触摸屏上，单击"ABB"按钮，如图8-34所示。

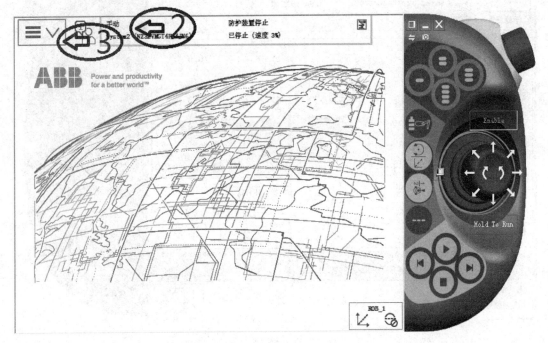

图8-34　切换手动状态并单击"ABB"按钮

(4) 选择"手动操纵",如图8-35所示。

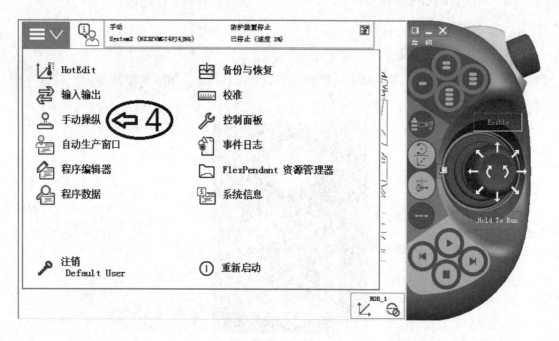

图 8-35　选择"手动操纵"

(5) 单击"动作模式",如图8-36所示。

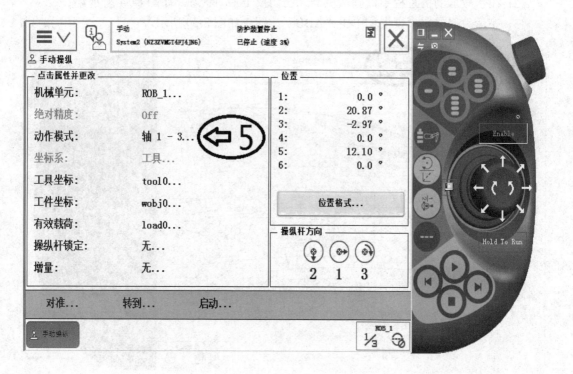

图 8-36　单击"运动模式"

（6）进入三种运动模式选择界面，在此界面，可选择不同的运动模式。例如：此处选择"线性"运动模式，如图 8-37 所示。

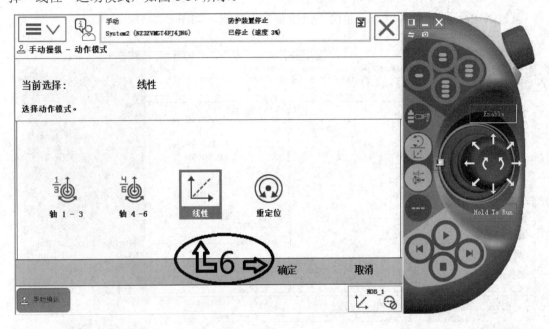

图 8-37　运动模式的选择

（7）选择完成后，可以在"手动操纵"选项卡的"动作模式"中或在"快捷菜单"中查看选中的运动模式，如图 8-38 所示。

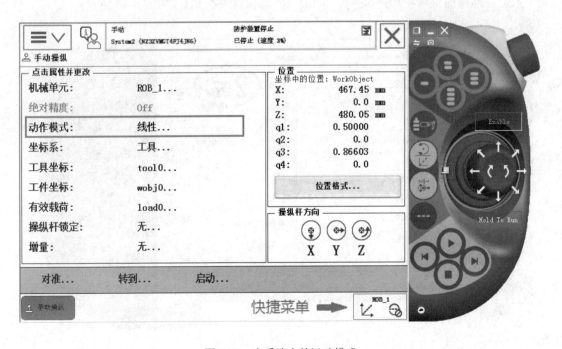

图 8-38　查看选中的运动模式

2. 快捷菜单操作

除了常规操作以外，还可以使用快捷菜单方式选择所需的运动模式，步骤如下：

(1) 单击示教器触摸屏右下角的"快捷菜单"按钮，如图 8-39 所示。

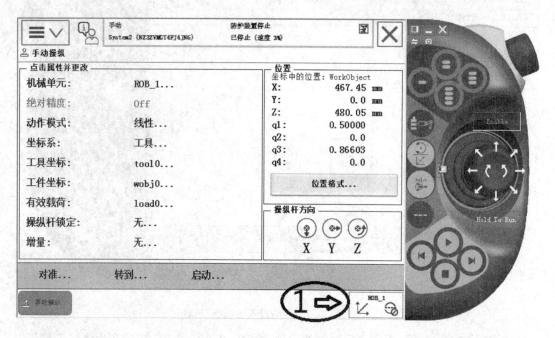

图 8-39　单击"快捷菜单"按钮

(2) 在弹出的菜单中选择 🔃 按钮("手动操纵"按钮)，如图 8-40 所示。

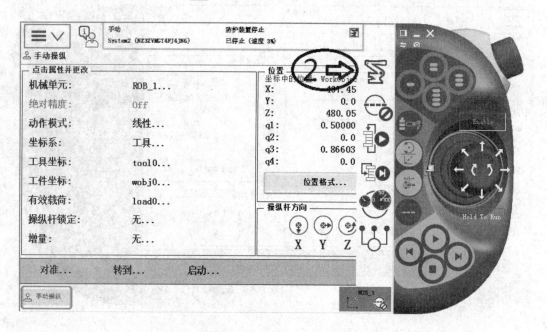

图 8-40　选择"手动操纵"按钮

(3) 在弹出的界面右下角，单击"显示详情"按钮，展开菜单，如图 8-41 所示。

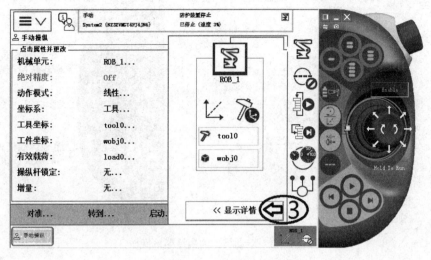

图 8-41 展开菜单

(4) 在详情信息界面中，可以在绿色矩形框区域选择需要的运动模式，如图 8-42 所示。

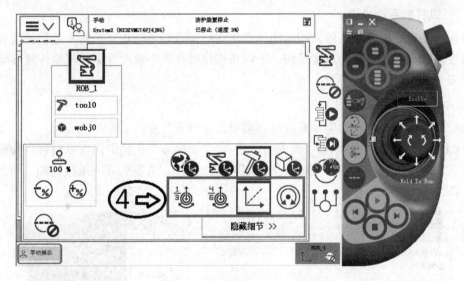

图 8-42 选择需要的运动模式

3. 快捷按钮操作

运动模式的选择还有一种更快捷的方式，那就是使用快捷按钮进行运动模式的切换，步骤如下：

(1) 将控制柜上的机器人状态钥匙切换到中间的手动限速状态。

(2) 在示教器状态栏中，确认机器人的状态已切换至手动。

(3) 按下示教器上"线性/重定位模式切换按钮"，示教器触摸屏右下角的"快捷菜单"按钮图标将显示运动模式切换后的效果，如图 8-43 所示。

(4) 按下示教器上"单轴运动模式下切换按钮"，示教器触摸屏右下角的"快捷菜单"按钮图标将显示运动模式切换后的效果，如图 8-43 所示。

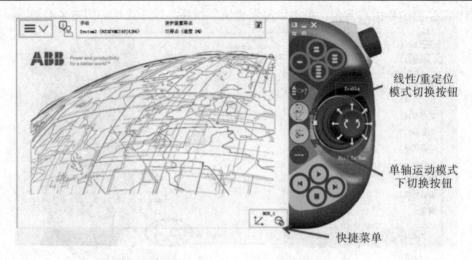

图 8-43　运动模式的快捷菜单操作

五、三种运动模块的手动操纵

1. 操纵杆的手动操纵

操纵杆的操纵幅度与机器人的运动速度相关：操纵幅度较小则机器人运动速度较慢；操纵幅度较大则机器人运动速度较快。所以在操作时尽量小幅度操纵使机器人缓慢运动，以保证安全。

2. 单轴运动的手动操纵

进行机器人单轴运动的手动操纵时，需要注意以下几点：

(1) 选择单轴运动"轴 1-3"模式后，进入"手动操纵"选项卡，可以观察到操纵杆左右运动控制轴 1、上下运动控制轴 2、旋转运动控制轴 3，其箭头方向指向各轴运动的正方向，如图 8-44 所示。

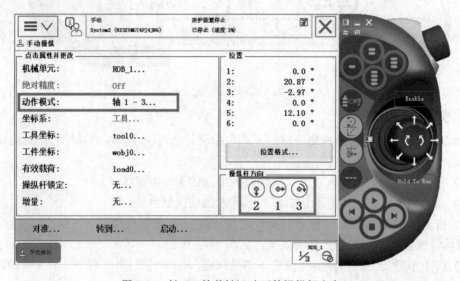

图 8-44　轴 1-3 的单轴运动下的操纵杆方向

(2) 选择单轴运动"轴 4-6"模式后，进入"手动操纵"选项卡，可以观察到操纵杆左右运动控制轴 4、上下运动控制轴 5、旋转运动控制轴 6，其箭头方向指向各轴运动的正方向，如图 8-45 所示。

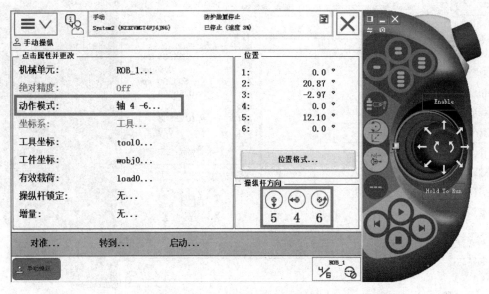

图 8-45　轴 4-6 的单轴运动下的操纵杆方向

(3) 选择好单轴运动模式后，即可按下使能器按钮第一挡将电机开启，并使用操纵杆进行机器人单轴运动的手动操纵。

3. 线性运动的手动操纵

(1) 线性运动模式选择后，根据右手法则可以识别工具 TCP 的 X、Y、Z 轴，如图 8-46 所示。

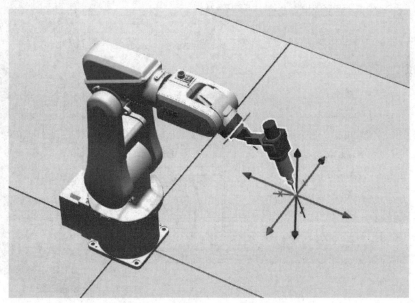

图 8-46　线性运动模式下的工具 TCP

(2) 需要选择工具坐标为机器人的当前工具，对于初学者可以选择系统默认的"tool0"，即机器人的第 6 轴法兰盘中心点，如果 8-47 所示。

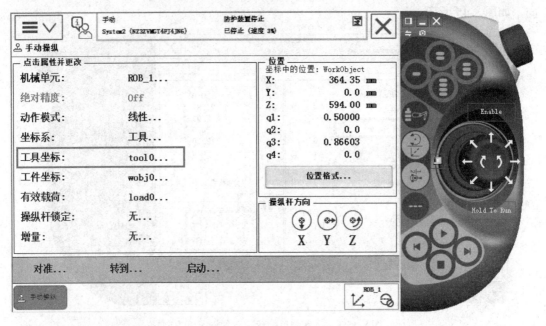

图 8-47　选择工具坐标 tool0

(3) 选择线性运动模式后，进入"手动操纵"选项卡，可以观察到操纵杆左右运动控制 Y 轴运行方向、上下运动控制 X 轴运动方向、旋转运动控制 Z 轴运动方向，其箭头方向指向各轴运动的正方向，如图 8-48 所示。

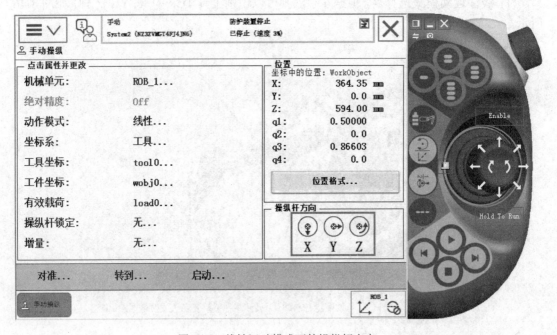

图 8-48　线性运动模式下的操纵杆方向

(4) 如果对使用操纵杆按位移幅度来控制机器人运动的速度不熟练，还可使用用"增量"模式来控制机器人运动，如果 8-49 所示。在增量模式下，操纵杆每位移一次，机器人就移动一步，如果操纵杆持续一秒或数秒钟，机器人就会持续移动(速率为每秒 10 步)。

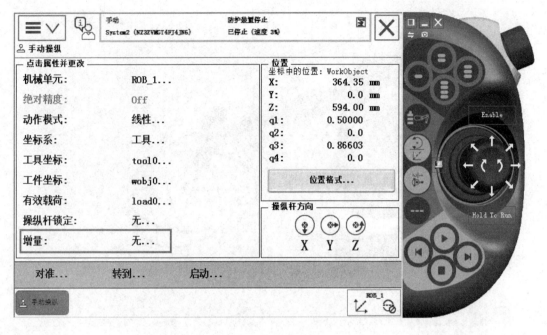

图 8-49 "增量"选择

(5) 双击"增量"选项即可进入增量选择界面进行增量设置，如图 8-50 所示。

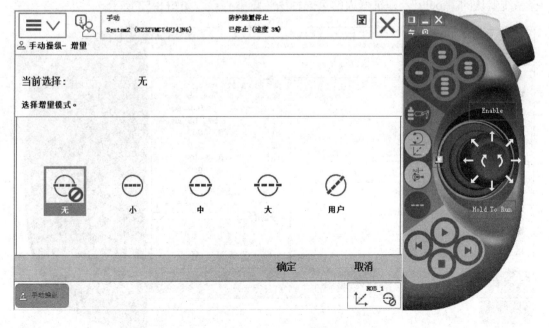

图 8-50 "增量"设置

4. 重定位运动的手动操纵

(1) 选择重定位运动模式后，机器人将沿 X、Y、Z 轴围绕工具 TCP 进行旋转，如图 8-51 所示。

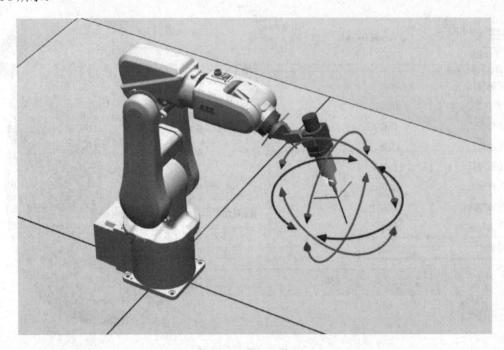

图 8-51　重定位模式下的工具 TCP

(2) 与线性运动模式一样，重定位运动模式也需要选择工具坐标，对于初学者可以选择系统默认的"tool0"，即机器人的第 6 轴法兰盘中心点，如图 8-52 所示。

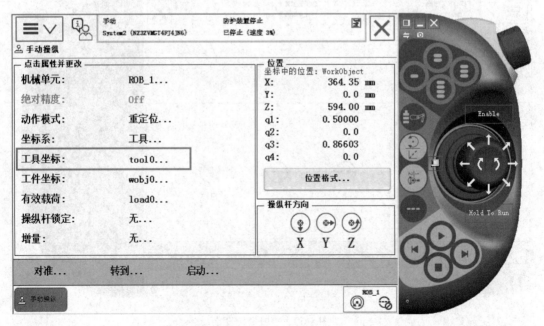

图 8-52　选择工具坐标 tool0

(3) 重定位运动模式下，操纵杆左右运动控制 Y 轴运行方向，上下运动控制 X 轴运动方向，旋转运动控制 Z 轴运动方向，其箭头方向指向各轴运动的正方向，如图 8-53 所示。

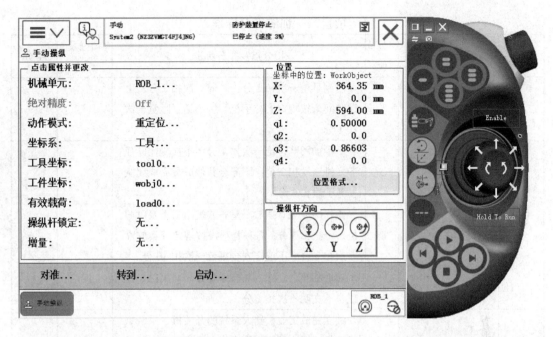

图 8-53　重定位运动模式下的操纵杆方向

(4) 同样地，如果对使用操纵杆按位移幅度来控制机器人运动的速度不熟练，也可以使用"增量"模式来控制机器人运动，如图 8-54 所示。

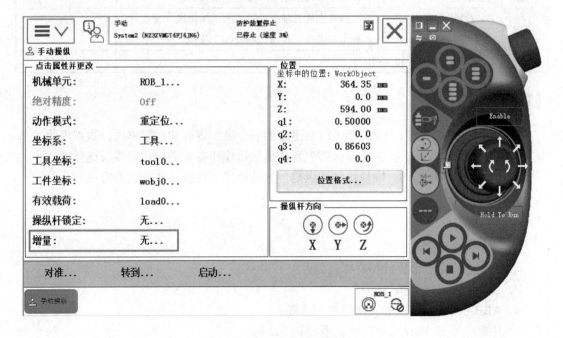

图 8-54　"增量"选择

【考核与评价】

项目八　训练评分标准

一级指标	二级指标	分值	扣分点及扣分标准	扣分及原因	得分
训练过程(%)	1. 学习纪律	5	迟到早退一次扣1分；旷课一次扣2分；上课时间未按规定上交手机、讲小话、睡觉一次扣1分		
	2. 团队精神	5	不参加团队讨论一次扣1分；不接受团队任务安排一次扣2分；不配合其他成员完成团队任务一次扣2分		
	3. 操作规范	15	操作中，工具摆放不整齐或使用后不及时归位，一次扣3分；各种物料没按规定分类放置，一次扣3分；不遵守安全规范一次扣10分		
	4. 行为举止	5	随地乱吐、乱涂、乱扔垃圾等，一次扣2分；语言不文明一次扣1分		
训练结果(%)	1. 工业机器人系统的基本操作	30	独立完成工业机器人系统的开关机、系统重启、紧急停止及恢复等操作，操作过程中每出现一次操作错误扣2分		
	2. 坐标系及运动模式的选择	20	独立完成坐标系及运动模式的选择操作，操作过程中每出现一次操作错误扣2分		
	3. 三种运动模式的手动操纵	20	独立完成三种运动模式的手动操纵，操作过程中每出现一次操作错误扣2分		
总计		100分			

【项目小结】

　　本项目介绍了在使用工业机器人时应遵守的安全操作规程和注意事项。重点说明了示教器的常规操作方式、快捷菜单操作方式和快捷按钮操作方式进行运动模式选择的方法，以及对机器人在单轴运动、线性运动和重定位运动模式下进行手动操纵的方法。

【作业布置】

　　1. 什么是安全信号？

　　2. 控制柜的安全保护机制有哪几种？

　　3. 系统重启类型有哪几种？

　　4. ABB IRC5 示教器的正面有哪些按键？

　　5. 什么是基于 ABB 机器人坐标系的右手法则？

　　6. 工业机器人使用的坐标系有哪几种？

项目九　现场编程所需重要参数的管理

【项目描述】

在进行工业机器人现场编程之前，需要设置一些重要的参数数据，为机器人系统构建出必要的编程环境。其中工具坐标系、工件坐标系和有效载荷数据就是需要进行定义的重要参数数据。

一般完成不同应用的工业机器人应配置不同的机器人工具。在使用工具前必须先定义新工具的物理属性，如质量、框架、方向等参数。ABB 工业机器人的工具坐标数据创建后将保存在一个多维的程序数据变量 tooldata 中。

为了便捷地标定机器人的操作对象工件在空间中的位置，引入了工件坐标系。ABB 工业机器人允许用户设置多个工件坐标系用于表示同一工件的位移量或不同的工件。每一个工件坐标数据创建后将保存在一个多维的程序数据变量 wobjdata 中。

对于进行搬运、码垛、装配等对负重载荷有较高要求的工业机器人来说，除了要正确设置机器人夹具的质量、重心等参数外，还需要设置搬运对象的质量和重心数据 loaddata。

本项目将从机器人的日常使用与维护角度出发，学习如何建立并管理以上三种工业机器人现场编程所需要使用的重要参数。

【教学目标】

1. 技能目标

➢ 理解工具坐标系的概念和设置原理；
➢ 掌握使用示教器定义和管理工具坐标系的方法；
➢ 理解工件坐标系的概念和设置原理；
➢ 掌握使用示教器定义和管理工件坐标系的方法；
➢ 理解有效载荷的概念和设置原理；
➢ 掌握使用示教器定义和管理有效载荷的方法。

2. 素养目标

➢ 具有发现问题、分析问题、解决问题的能力；
➢ 具有高度责任心和良好的团队合作能力；
➢ 培养良好的职业素养和一定的创新意识；
➢ 养成"认真负责、精检细修、文明生产、安全生产"等良好的职业道德。

【知识准备】

一、工具坐标系简介

一般完成不同应用的机器人应配置不同的工具，如弧焊机器人使用的焊枪、搬运机器人使用的吸盘或夹爪、喷涂机器人的喷枪等，如图9-1所示，这些工具都千差万别。

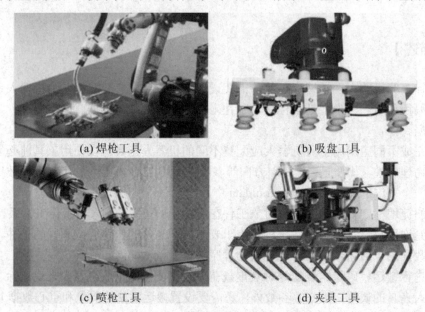

(a) 焊枪工具　　　　　　　　　　(b) 吸盘工具

(c) 喷枪工具　　　　　　　　　　(d) 夹具工具

图9-1　机器人工具举例

工具数据 tooldata 用于描述安装在机器人第六轴上的工具坐标 TCP(工具坐标系的原点被称为 TCP (Tool Center Point，即工具中心点))、质量、重心等参数数据。

1. 工具坐标系的功能

ABB 工业机器人出厂时有一个默认工具 tool0。其中心点(简称 TCP)位于机器人法兰盘的中心，如图9-2所示的法兰盘中心点 A。

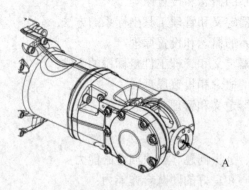

图9-2　默认的工具中心点 A

当使用 tool0 作为机器人工具参数运行程序时，工业机器人只会将法兰盘中心点 A 移至目标点位置。所以在实际应用中，往往需要根据工具的形状重新定义一个适合的工具坐标系(TCPF)和工具中心点(TCP)。在默认条件下将生成一个名为tool1的工具坐标数据，该工具的TCP实质上是法兰盘中心点A的偏移量。

此时运行程序，工业机器人将会把工具tool1的TCP移至目标点位置。

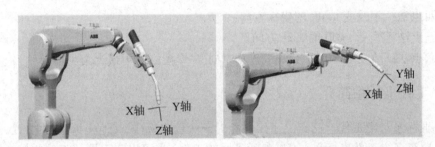

图 9-3 工具坐标系示意图

如图 9-3 所示，当新的机器人工具坐标系创建后，无论机器人的手臂姿势如何变化，工具坐标系都以工具的有效方向为基准，与机器人的位置、姿势无关。

2. 工具坐标系的设定原理

ABB 工业机器人只需通过设置 TCP 就可以自动生成新的 TCPF。TCP 的设定原理如下：

(1) 在机器人工作范围内找一个非常精确的固定点作为参考点；

(2) 在工具上确定一个参考点(最好是工具的中心点)；

(3) 用手动操纵机器人的方法，去移动工具上的参考点，使四种以上不同的机器人姿态尽可能与固定点刚好碰上。前三个点的姿态相差尽量大些，这样有利于 TCP 精度的提高，如图 9-4 所示。

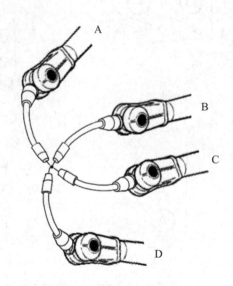

图 9-4 TCP 设定原理

(4) 机器人通过记录同一目标点上四种姿态的位置数据计算求得 TCP 的数据，然后将 TCP 的数据以 tooldata 格式保存到 tool1(默认 tool1～tooln)中，供程序调用。

说明：为了获得更准确的工具 TCP，还可以使用六点法进行 TCP 设置操作。第四点是用工具的参考点垂直于固定点，第五点是工具参考点从固定点向将要设定为 TCP 的 X 方向移动，第六点是工具参考点从固定点向将要设定为 TCP 的 Z 方向移动。

3. TCP 取点数量的区别

(1) 四点法：不改变 tool0 的坐标方向；

(2) 五点法：改变 tool0 的 Z 轴方向；

(3) 六点法：改变 tool0 的 X 轴和 Z 轴方向(在焊接应用中最为常见)。

二、工件坐标系简介

工件坐标系对应工件，它定义了工件相对于大地坐标(或其他坐标系)的位置。工业机器人可以拥有多个工件坐标系，可以表示不同的工件，也可以表示同一工件的相对位移量。对机器人进行轨迹编程就是在工件坐标系中创建目标点和路径。

创建工件坐标的好处有：

(1) 重新定位工作站中的工件时，只需要更改工件坐标的位置，所在的路径也将随之更新。

(2) 允许操作以外轴或传送导轨移动的工件，因为整个工件可连同其路径一起移动。

1. 工件坐标系的功能

如图 9-5 所示，Ⓐ为大地坐标系，Ⓑ为机器人的基坐标系，Ⓒ是机器人的用户坐标系。

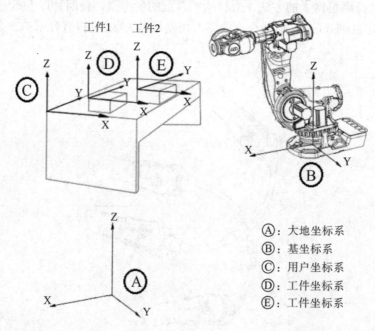

Ⓐ：大地坐标系
Ⓑ：基坐标系
Ⓒ：用户坐标系
Ⓓ：工件坐标系
Ⓔ：工件坐标系

图 9-5　工件坐标系示意图

为了方便编程，可以给需要加工的第一个工件建立工件坐标系Ⓓ，并在这个工件坐标系Ⓓ中进行轨迹编程。如果还有一个相同的工件 2 需要加工，则只需要新建工件坐标系Ⓔ，再将工件坐标系Ⓓ中的轨迹复制一份，最后将工件坐标系从Ⓓ更新为Ⓔ，而无需对相同工件进行重复轨迹编程。

2．工件坐标系的创建原理

在对象平面上只需要定义三个点，就可以建立一个工件坐标系，如图 9-6 所示。坐标系符合右手定则，其标定过程中的方向确定如下：

(1) X1 点确定工件坐标的原点；

(2) X1、X2 确定工件坐标 X 轴正方向；

(3) Y1 点确定工件坐标 Y 轴正方向。

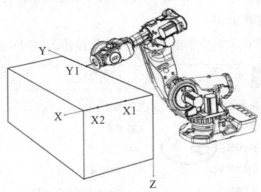

图 9-6　工件坐标系的方向

三、有效载荷数据简介

对于进行搬运(见图 9-7)、码垛、装配等对负重载荷有较高要求的工业机器人来说，除了要正确设置机器人工具数据 tooldata 和工件坐标数据 wobjdada 外，还需要设置有效载荷数据 loaddata。

图 9-7　搬运机器人作业

有效载荷数据 loaddata 用于定义机器人的最大搬运重量(带工具重量)、该重物的重心位置等属性，从而保证机器人的正常作业。

【项目实施】

一、创建工具坐标系

以典型的焊枪工具为背景，创建工业机器人的工具坐标系，其操作步骤如下。

1. 新建工具坐标数据 tool1

(1) 在示教器的主功能菜单中单击"手动操纵"按钮，如图 9-8 所示。

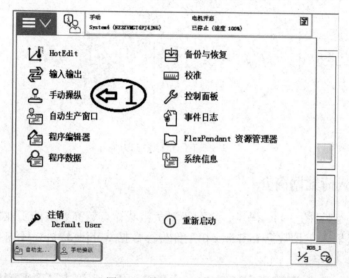

图 9-8　单击"手动操纵"

(2) 进入手动操纵界面中，在属性设置中单击工具坐标中的"tool0 …"，如图 9-9 所示。

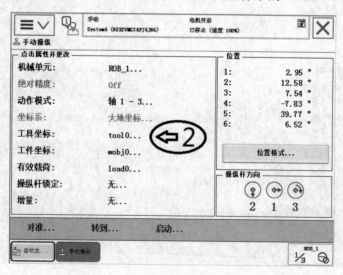

图 9-9　单击工具坐标中的"tool0…"

(3) 进入系统工具坐标显示列表，此处为系统默认 tool0，单击"新建…"，创建新工具坐标系，如图 9-10 所示。

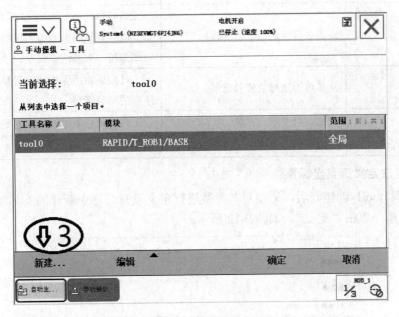

图 9-10 创建新工具坐标系

(4) 对工具数据 tool1 进行属性设置后，单击"确定"，如图 9-11 所示。工具声明属性参数见表 9-1。

图 9-11 设置工具坐标数据 tool1 属性

2. 工具声明属性参数设置

数据类型 tooldata 属性声明设置界面可设置的基本属性有工具名称、范围、存储类型、任务、模块、例行程序归属等信息，也可设置 tooldata 的初始值。

表 9-1 工具声明属性参数

属 性	操 作 步 骤	说 明
工具名称	点击名称旁边的 "…" 按钮	工具将自动命名为 tool, 后跟顺序号, 例如 tool1。建议将其更改为更加具体的名称, 例如焊枪、夹具或焊机等
范围	从菜单中选择需要的范围	工具应该始终保持全局状态, 以便用于程序中的所有模块
存储类型	变量、可变量、常量	工具变量必须始终是持久变量
模块、例行程序归属	从菜单中选择声明该工具的归属	

3. 六点法定义工具坐标系

(1) 工具 tool1 创建好后, 需要对其参数进行定义设置。选中新建的工具 tool1, 展开 "编辑" 菜单, 单击 "定义", 如图 9-12 所示。

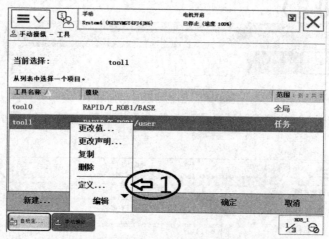

图 9-12 定义工具 tool1 参数

(2) 在定义界面中, 选择适合的校正方式, 这里展开六点法定义, 即 4 点不同姿态的 TCP、1 点 +X 方向和 1 点 +Z 方向, 单击 "方法" 下拉框, 如图 9-13 所示。

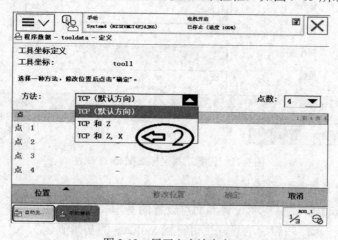

图 9-13 展开六点法定义

(3) 选择合适的手动操纵模式，如图 9-14 所示，操纵机器人的工具 TCP 尽可能靠近固定点(圆锥体顶端)。

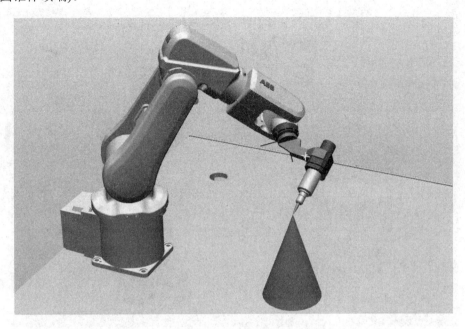

图 9-14　操纵工具 TCP 靠近固定点

(4) 单击"修改位置"完成第 1 点位姿数据的保存，如图 9-15 所示。

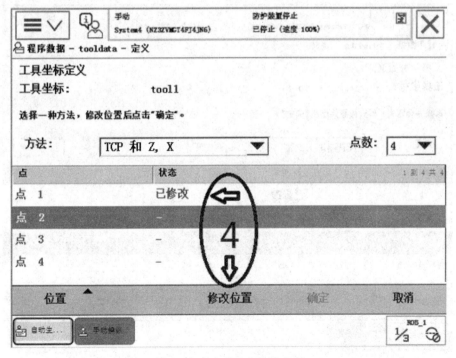

图 9-15　保存第 1 点位姿数据

(5) 如图 9-16 所示，操纵机器人的工具 TCP 以第二种姿态尽可能靠近固定点。

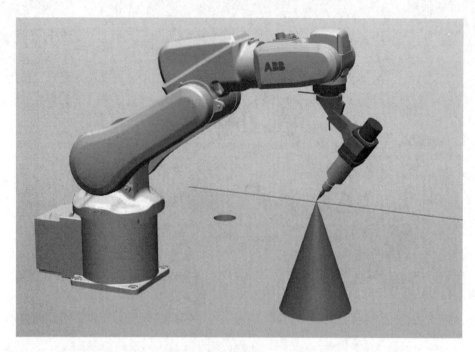

图 9-16　操纵工具 TCP 以第二种姿态靠近固定点

(6) 单击"修改位置"完成第 2 点位姿数据的保存，如图 9-17 所示。

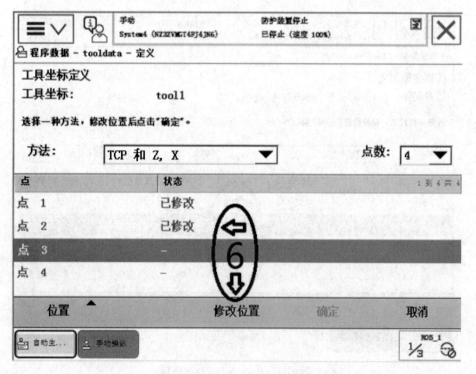

图 9-17　保存第 2 点位姿数据

(7) 如图 9-18 所示，操纵机器人的工具 TCP 以第三种姿态尽可能靠近固定点。

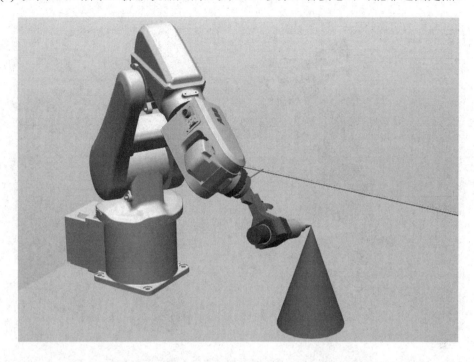

图 9-18　操纵工具 TCP 以第三种姿态靠近固定点

(8) 单击"修改位置"完成第 3 点位姿数据的保存，如图 9-19 所示。

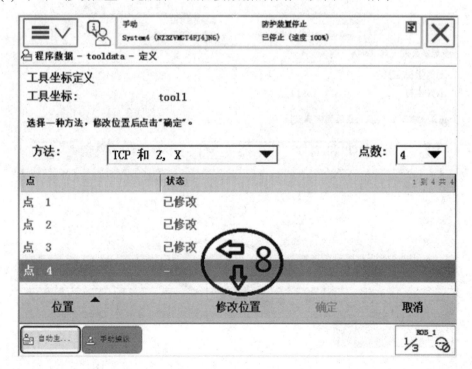

图 9-19　保存第 3 点位姿数据

(9) 操纵机器人的工具 TCP 以图 9-20 所示的垂直姿态尽可能靠近固定点。

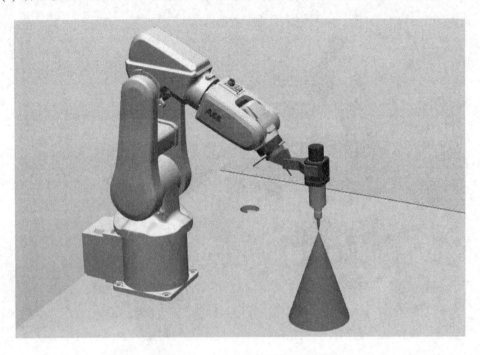

图 9-20　操纵工具 TCP 以垂直姿态靠近固定点

(10) 单击"修改位置"完成第 4 点位姿数据的保存，如图 9-21 所示。

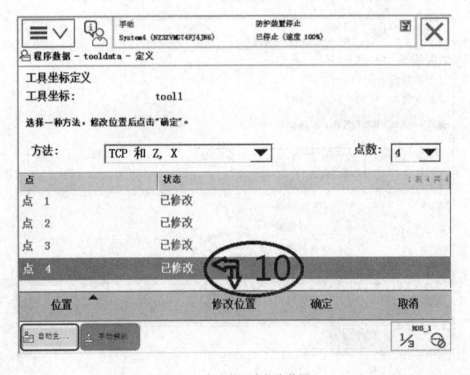

图 9-21　保存第 4 点位姿数据

(11) 操纵机器人的工具 TCP 在第四种姿态的基础上从固定点移动到基坐标的 +X 方向 (此点决定工具坐标系 X 轴的正方向)，如图 9-22 所示。

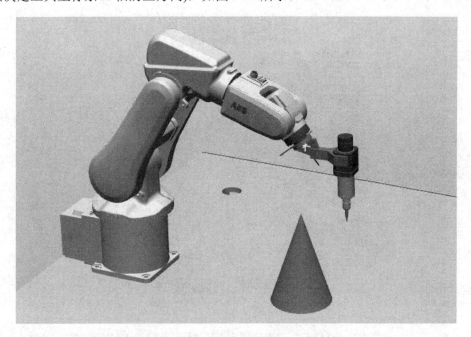

图 9-22　操纵 TCP 从固定点移动到基坐标的 +X 方向

(12) 单击"修改位置"，将 X 轴正方向的延伸点作为第 5 点位姿数据来保存，如图 9-23 所示。

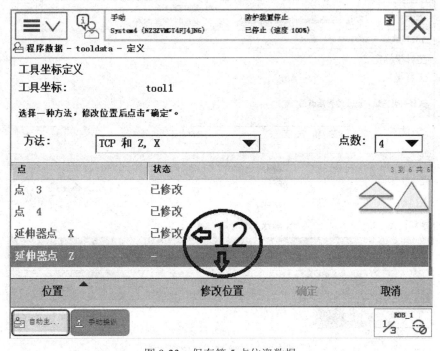

图 9-23　保存第 5 点位姿数据

(13) 操纵机器人的工具 TCP 在第四种姿态的基础上从固定点移动到基坐标的 +Z 方向 (此点决定工具坐标系 Z 轴的正方向)，如图 9-24 所示。

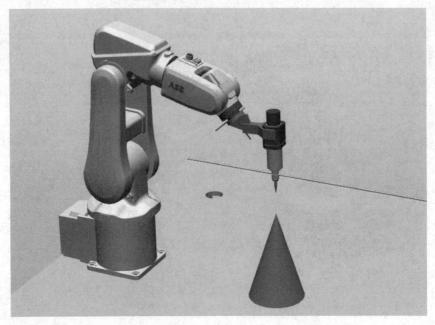

图 9-24　操纵工具 TCP 从固定点移动到基坐标的 +Z 方向

(14) 单击"修改位置"，将 Z 轴正方向的延伸点作为第 6 点位姿数据来保存，如图 9-25 所示。

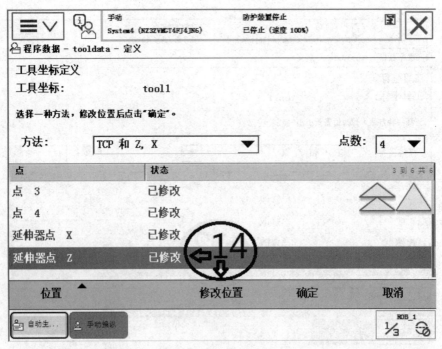

图 9-25　保存第 6 点位姿数据

(15) 单击"确定"完成设置，如图 9-26 所示。

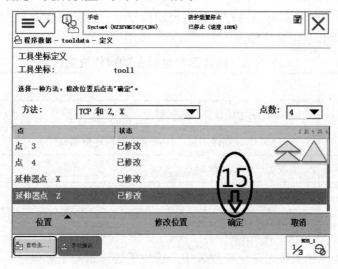

图 9-26　完成设置

二、工具坐标系的管理

1. 定义误差的确认

定义后的计算结果将显示并需要用户确认生效，为了得到更好的结果，也可以选择恢复框架定义，误差结果是否接受取决于使用的工具及机器人类型等因素，需要用户确认的较关键参数有以下几项：

Max Error(最大误差)：所有接近点的最大误差。

Min Error(最小误差)：所有接近点的最小误差。

Mean Error(平均误差)：计算 TCP 所得到的接近点的平均距离。

若工具坐标系定义误差符合应用要求，则单击"确定"，如图 9-27 所示。

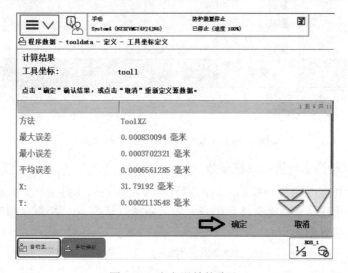

图 9-27　定义误差的确认

2. 编辑工具坐标系

(1) 工具坐标系创建后可以进行再编辑及属性修改，常见的编辑方式有更改值、更改声明、复制、删除和重定义等操作，其详细操作说明见表 9-2。

表 9-2　编辑工具坐标系的操作说明

操　作	用　　途
更改值	tooldata 初始化设置，包括质量、重心等固有属性
更改声明	更改 tooldata 存储类型、作用范围等程序数据属性
复制	生成第二个工具坐标系
删除	不可恢复性操作，谨慎操作
重定义	对坐标参数进行重新定义

(2) 操作方法：在系统工具坐标列表中，选中需要编辑的工具坐标，单击"编辑"按钮展开后，选择所需的操作，如图 9-28 所示。

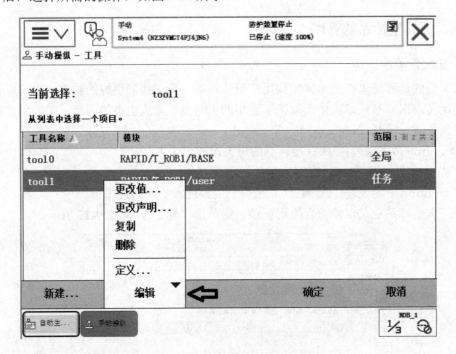

图 9-28　进入编辑工具坐标系的操作

3. 设置工具的质量与重心偏移参数

工具的质量和重心偏移参数是工具的固有属性，新建的工具坐标系都必须正确设置，否则程序运行会出现错误；需要注意的是，质量数据默认为 –1，用默认值运行会出现错误提示，其操作步骤如下：

(1) 在系统工具坐标列表中，选中需要编辑的工具坐标，单出"编辑"展开后，选择"更改值…"，如图 9-29 所示。

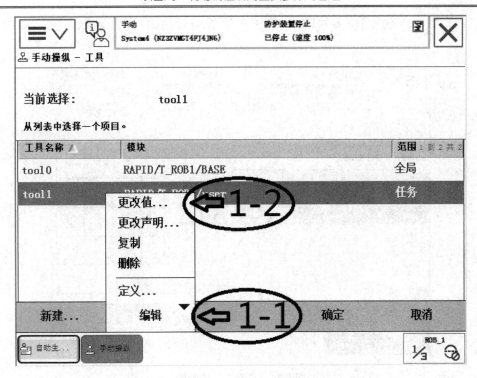

图 9-29 编辑工具坐标

(2) 单击下翻按钮▽，使编辑值进入 mass 质量设置位置，如图 9-30 所示。

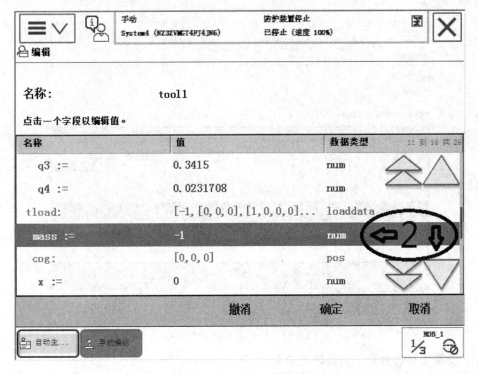

图 9-30 进入 mass 质量设置

(3) 单击 mass 的数值，直接输入该工具的质量(假设为 2)，单位为 kg(千克)，如图 9-31 所示。

图 9-31　设置工具的质量

(4) 单击 cog 下的 x、y、x 数值，直接输入该工具的重心偏移值，单位为 mm(毫米)，如图 9-32 所示。

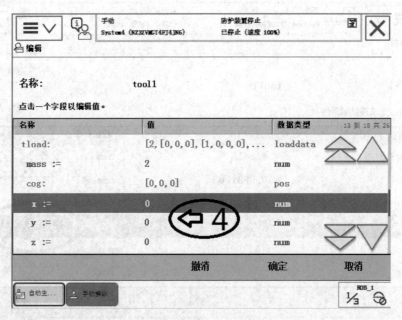

图 9-32　设置工具的重心偏移

4. 设置工具的力矩、力矩轴方向参数

在"更改值…"编辑中可以看到 tooldata 的 aom 和 tload 参数，表示工具重心有关力矩

的数值与方向。多数情况下，由于工具重心的转动力矩和转动惯量非常小，相对于工业机器人的作业力矩及惯量影响几乎可忽略，因此一般不需要设定此参数，但是对于大型或重心偏移较在的工具，则需要经过详细测量计算后设置该值，其操作如下：单击 aom 和 tload 下的数值，直接输入该工具的力矩和力矩轴参数，如图 9-13 所示。

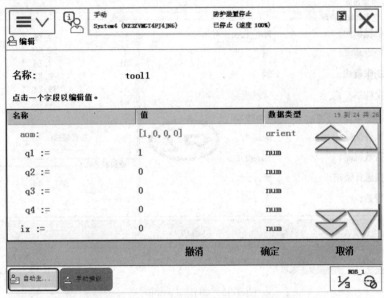

图 9-33　设置工具的力矩、力矩轴方向

三、创建工件坐标系

以长方体工件为工作对象，创建工业机器人的工件坐标系，其操作步骤如下。

1. 新建工件坐标框架

(1) 在示教器的主功能菜单中单击"手动操纵"，如图 9-34 所示。

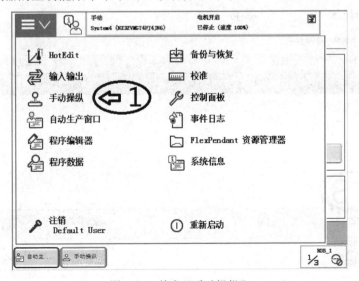

图 9-34　单击"手动操纵"

(2) 进入手动操纵界面中，在属性设置中单击工件坐标中的"wobj0 …"，如图 9-35 所示。

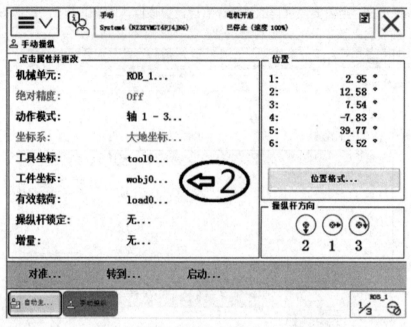

图 9-35 单击"wobj0"

(3) 进入系统工件坐标显示列表，此处为系统默认"wobj0"，单击"新建…"创建新工件坐标系，如图 9-36 所示。

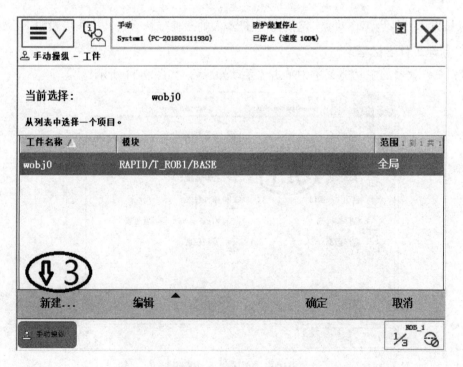

图 9-36 创建新工件坐标系

(4) 对工件数据 wobj1 进行属性设置后，单击"确定"，如图 9-37 所示。

图 9-37 设置 wobj1 属性

2. 三点法定义工件坐标系

(1) 创建工件坐标 wobj1 后，对其参数进行定义设置，选中工件坐标 wobj1，展开"编辑"菜单，单击"定义"，如图 9-38 所示。

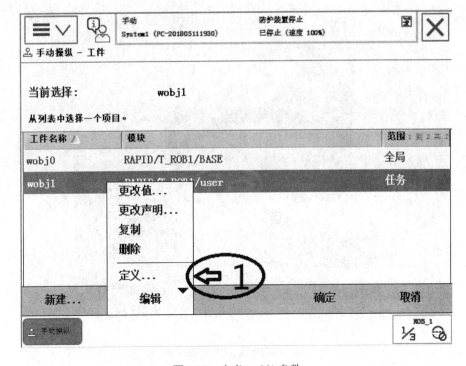

图 9-38 定义 wobj1 参数

(2) 将用户方法设置为"3 点",如图 9-39 所示。

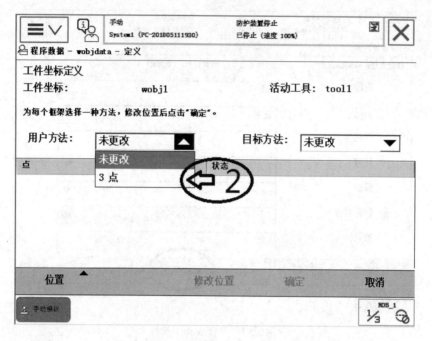

图 9-39　用户方法设置为"3 点"

(3) 手动操纵机器人工具的 TCP 点靠近定义的工件坐标 X 轴上第 1 点,如图 9-40 所示。

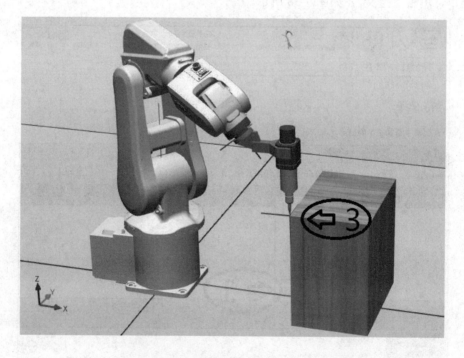

图 9-40　手动操纵 TCP 点靠近 X1 点

(4) 单击"修改位置"，机器人的当前位置数据保存在 X1，如图 9-41 所示。

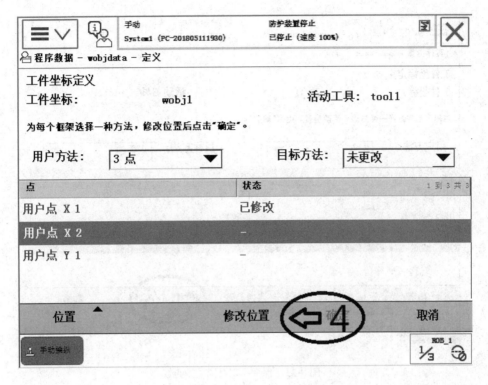

图 9-41　保存 X1 点位姿数据

(5) 手动操纵机器人工具的 TCP 点靠近定义的工件坐标 X 轴上第 2 点，如图 9-42 所示。

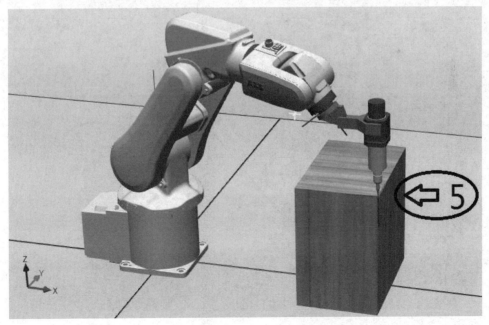

图 9-42　手动操纵 TCP 点靠近 X2 点

(6) 单击"修改位置",将机器人的当前位置数据保存在 X2,如图 9-43 所示。

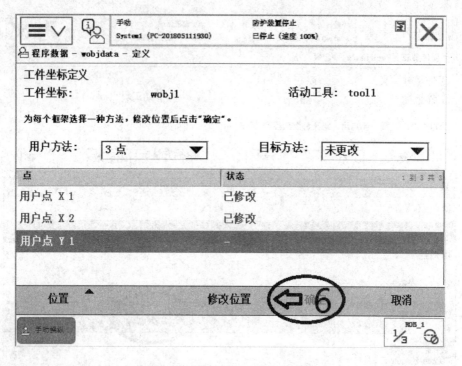

图 9-43　保存 X2 点位姿数据

(7) 手动操纵机器人工具的 TCP 点靠近定义的工件坐标 Y 轴上第 1 点,如图 9-44 所示。

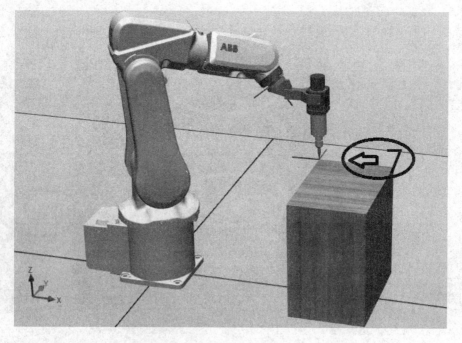

图 9-44　手动操作 TCP 点靠近 Y1 点

（8）单击"修改位置"，将机器人的当前位置数据保存在 Y1，然后再点击"确定"即可完成三点法定义工件坐标，如图 9-45 所示。

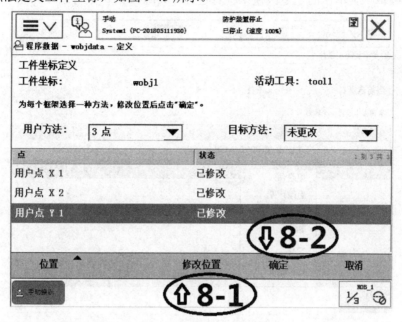

图 9-45　保存 Y1 点位姿数据

四、工件坐标系的管理

1. 定义参数的确认

定义后的计算结果将显示并需用户确认生效，如图 9-46 所示。

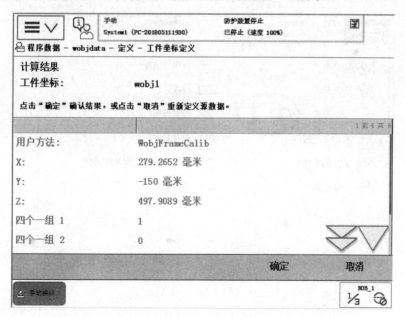

图 9-46　定义参数的确认

2. 工件数据 wobjdata 的参数管理

单击"编辑"菜单中的"更改值..."可进行 wobjdata 的参数管理，如图 9-47 所示。

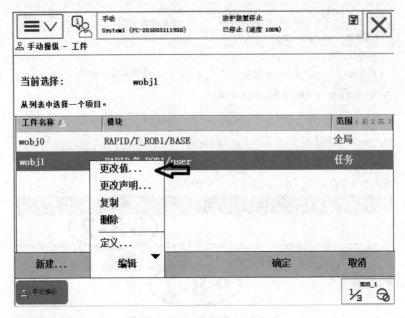

图 9-47　wobjdata 的参数管理

五、有效载荷数据的创建与管理

1. 有效载荷数据 loaddata 的创建

(1) 在 ABB IRC5 示教器的主功能菜单中单击"手动操纵"，如图 9-48 所示。

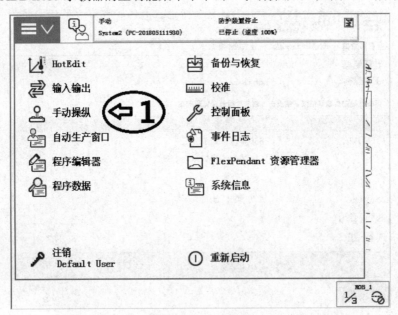

图 9-48　单击"手动操纵"

（2）进入手动操纵界面中，在属性设置中单击有效载荷的"load0 …"，如图 9-49 所示。

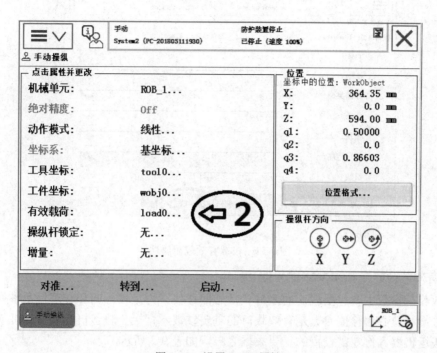

图 9-49　设置 load0 属性

（3）进入系统有效载荷显示列表，此处为系统默认 load0，单击"新建…"，创建新的有效载荷，如图 9-50 所示。

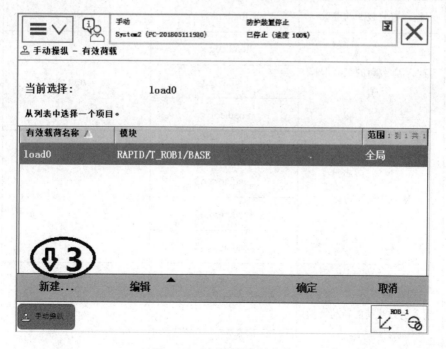

图 9-50　创建新的有效载荷

(4) 对有效载荷数据 load1 进行属性设置后，单击"确定"，如图 9-51 所示。

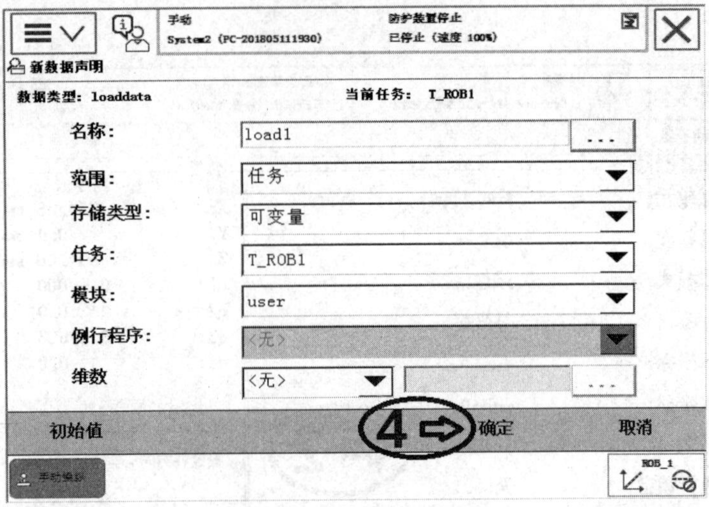

图 9-51 设置有效载荷属性

2. 有效载荷数据 loaddata 的管理

有效载荷参数主要包括载荷的重量、重心偏移值、力矩轴方向和转动惯量参数等，其中有效重量与重心偏移值参数是有效载荷的重要参数，直接反映了机器人对作业对象的要求，是搬运机器人作业需设置的重要数据之一，如表 9-3 所示。

表 9-3 有效载荷参数

操作	代码示例	单位
输入有效载荷的重量	load.mass	kg
输入有效载荷的重心偏移值	load.cog.x	mm
	load.cog.y	
	load.cog.z	
输入力矩轴方向	load.aom.q1	
	load.aom.q2	
	load.aom.q3	
	load.aom.q4	
输入有效载荷的转动惯量	ix	kg/m^2
	iy	
	iz	

(1) 创建有效载荷数据 load1 后，对其进行编辑，选中新建的 load1，再单击"编辑"，然后选择"更改值..."，如图 9-52 所示。

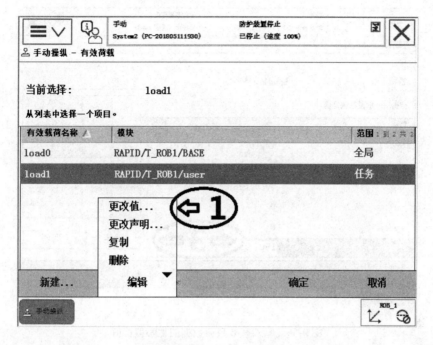

图 9-52 编辑有效载荷数据

(2) 单击 load1 目录下的 mass 的数值，输入有效载荷的重量数据，输入完成后单击"确定"按钮，如图 9-53 所示。

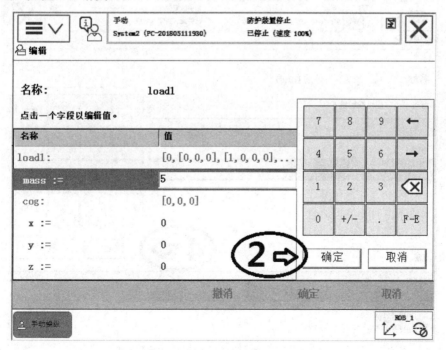

图 9-53 输入有效载荷数据的重量数据

(3) 单击 load1 目录下的 cog 的数值，输入有效载荷的重心偏移值，输入完成后单击"确定"按钮，如图 9-54 所示。

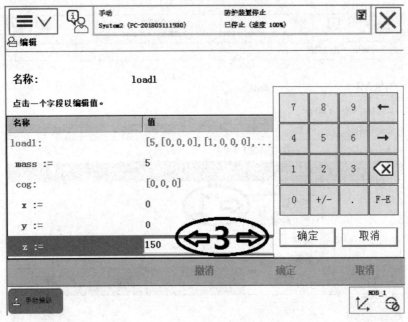

图 9-54　输入有效载荷数据的重心偏移值

(4) 单击 load1 目录下的 aom 的数值，输入有效载荷的力矩轴数据，输入完成后单击"确定"按钮，如图 9-55 所示。

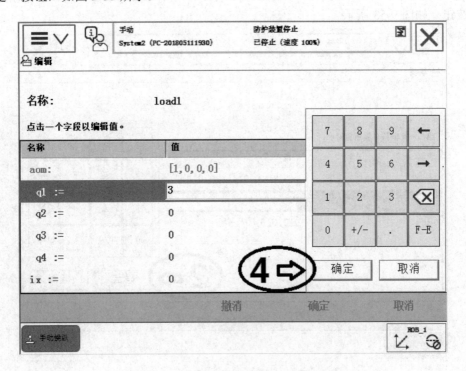

图 9-55　输入有效载荷数据的力矩轴数据

(5) 单击 load1 目录下的 aom 的数值，输入有效载荷的转动惯量数据 ix、iy、iz，输入完成后单击"确定"按钮，如图 9-56 所示。

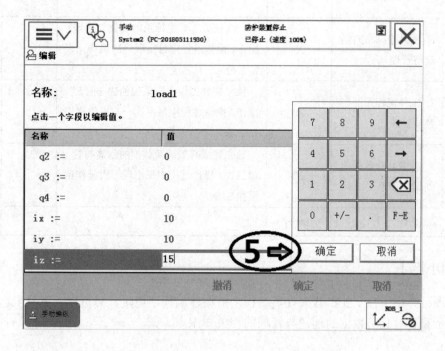

图 9-56 输入有效载荷数据的转动惯量数据

【考核与评价】

项目九 训练评分标准

一级指标	二级指标	分值	扣分点及扣分标准	扣分及原因	得分
训练过程(%)	1. 学习纪律	5	迟到早退一次扣1分；旷课一次扣2分；上课时间未按规定上交手机、讲小话、睡觉一次扣1分		
	2. 团队精神	5	不参加团队讨论一次扣1分；不接受团队任务安排一次扣2分；不配合其他成员完成团队任务一次扣2分		
	3. 操作规范	15	操作中，工具摆放不整齐或使用后不及时归位，一次扣3分；各种物料没按规定分类放置，一次扣3分；不遵守安全规范一次扣10分		
	4. 行为举止	5	随地乱吐、乱涂、乱扔垃圾等，一次扣2分；语言不文明一次扣1分		

一级指标	二级指标	分值	扣分点及扣分标准	扣分及原因	得分
训练结果(%)	1. 工具坐标系的创建与管理	30	独立完成工具坐标系的创建与管理操作，操作过程中每出现一次操作错误扣2分		
	2. 工件坐标系的创建与管理	20	独立完成工件坐标系的创建与管理操作，操作过程中每出现一次操作错误扣2分		
	3. 有效载荷数据的创建与管理	20	独立完成有效载荷数据的创建与管理操作，操作过程中每出现一次操作错误扣2分		
总计		100 分			

【项目小结】

本项目介绍了在工业机器人现场编程之前构建编程环境时，对机器人工具坐标系、工件坐标系和有效载荷数据的创建与管理的相关知识。

【作业布置】

1. 什么是工具数据 tooldata？
2. 简述工具坐标系的设定原理。
3. 什么是工件数据 wobjdata？
4. 简述工件坐标系的设定原理。
5. 简述有效载荷数据 loaddata 的功能。
6. 有效载荷的参数有哪些？其中哪些是重要参数？

项目十　现场编程程序设计基础

【项目描述】

在进行工业机器人现场编程之前，需要对程序数据、I/O 信号、基本指令、流程控制指令、功能函数和中断程序等程序设计基础知识有所掌握。本项目将从机器人的日常使用与维护角度出发，学习机器人现场编程所需要使用的程序设计基础知识。

【教学目标】

1. 技能目标

➢ 掌握程序数据的定义和管理方法；
➢ 掌握基本指令的调用与参数设置方法；
➢ 掌握程序流程控制指令的使用与参数设置方法；
➢ 掌握特殊指令的使用与参数设置方法；
➢ 掌握功能函数的使用与参数设置方法。

2. 素养目标

➢ 具有发现问题、分析问题、解决问题的能力；
➢ 具有高度责任心和良好的团队合作能力；
➢ 培养良好的职业素养和一定的创新意识；
➢ 养成"认真负责、精检细修、文明生产、安全生产"等良好的职业道德。

【知识准备】

一、程序数据

1. 程序数据的功能与作用

程序数据是在程序模块或系统模块中设定的值和定义的一些环境数据。针对不同的应用，可以将该应用的相关数据封装在专用的程序数据中，供模块与程序调用。这种灵活性给机器人的应用范围和编程带来极大的便利。

在进行机器人编程时经常需要使用大量的数据，如程序中的指令：

　　　　MoveL p10, V200, Z200, tool1\Wobj:=wobj1;

机器人运动指令 MoveL 使用了 5 个程序数据，其中以点 p10 为例，定义一个点，包括工件的 X、Y、Z 轴坐标值以及机器人的 6 个关节值等众多参数。为了程序调用方便，可将这些参数封装在一个程序数据中，命名为 p10。之后的模块或程序只需要调用 p10 即可，从而省去了繁琐的坐标数据调用，简化了程序编写的复杂度，降低了难度。

2. 常用的程序数据

RAPID 编程时，经常需要使用不同的程序数据。以 ABB IRC5 示教器为例，系统共包括 76 种不同的程序数据，编程时可根据需要创建相应的程序数据。常用的程序数据类型与功能如表 10-1 所示。

表 10-1　常用的程序数据类型与功能

数据类型	类型名称	功 能 描 述
bool	(真/假)逻辑判断	用于判断真假(True/False)状态
num	数值	用于数值，例如计数器或加减法运算
loaddata	有效载荷数据	用于描述机器人工具的有效载荷参数
robtarget	位置数据	用于定义移动机械臂和附加轴的移动指令中的位置
speeddata	速度数据	用于规定机械臂和外轴移动时的速率，其中包含工具中心点的移动速度、外轴的移动速度
tooldata	工具数据	用于保存工具坐标的参数与工具的属性参数，包括该工具的质量、重心、力矩轴等参数
wobjdata	工件数据	用于表示机器人工件坐标数据，包括工件坐标位置参数、笛卡尔坐标等
zonedata	转弯区数据	用于规定如何结束一个位置，即在朝下一个位置移动之前，轴必须如何接近编程位置

3. 程序数据的存储类型

1) 变量 VAR 的存储类型

每一种数据类型都需要设定存储类型，存储类型决定了系统将在哪个数据存储区为变量分配存储空间，也决定了数据类型在程序中的属性。

VAR 有一定的适用范围和生命周期。如图 10-1 所示，"VAR num length:=0;"表示数字型程序数据 num 的存储类型为变量，初始值为 0，当程序指针转移到了主程序后，该值会丢失。

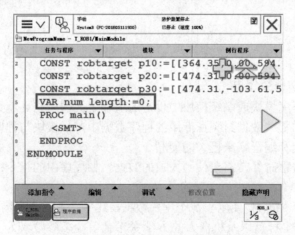

图 10-1　变量 VAR 的存储类型

2）可变量 PERS 的存储类型

PERS 的特点是无论程序指针如何运行，都会保持最后赋予的值。如图 10-2 所示，"PERS string string1:=″ hello″；"表示字符型程序数据 string 的存储类型为可变量，名称为 string1，初始值为 hello。程序执行到 "string1:=usbdisk2" 前，string1 的值始终为 hello，执行后重新赋值为 usbdisk2 值。

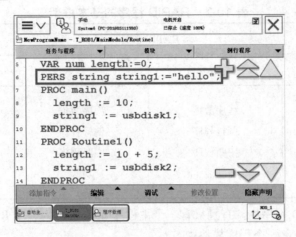

图 10-2　可变量 PERS 的存储类型

3）常量 CONST 的存储类型

CONST 的特点是在定义时赋予了数值后，该常量将不能在程序中再修改，除非手动修改。如图 10-3 所示，"CONST num q:=3.14；"表示数字型程序数据存储为常量，初始值为 3.14，那么该值将不能在程序中修改。在 main() 主函数中，"length := q；"实现了对 q 的引用，将 q 的值赋值给 length，length 的值将变为 3.14，q 的值仍是初始值 3.14。

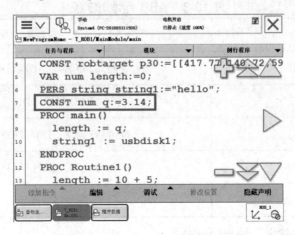

图 10-3　常量 CONST 的存储类型

二、程序模块与例行程序

RAPID 程序由程序模块与系统模块组成。一般情况下，系统模块多用于进行机器人系统监控，程序模块用于构建机器人应用程序。可同时创建多个程序模块，例如：用于控制主程序的程序模块，用于位置计算的程序模块，用于存放数据的程序模块，以便归类管理不同用途的例行程序与数据。

如表 10-2 所示，每一个程序模块都包含了程序数据、例行程序、中断程序和功能四种对象，但不一定在一个模块中都有这四种对象，程序模块之间的数据、例行程序、中断程序和功能是可以互相调用的。

表 10-2　RAPID 程序的基本框架

RAPID 程序			
程序模块 1	程序模块 2	程序模块 3	程序模块 4
程序数据 主程序 main 例行程序 中断程序 功能	程序数据 例行程序 中断程序 功能	程序数据 例行程序 中断程序 功能	程序数据 例行程序 中断程序 功能

注意：在 RAPID 程序中，有且只有一个主程序 main，作为整个 RAPID 程序执行的起点，但其可保存在任意一个程序模块中。

三、ABB 标准 I/O 板

ABB 机器人的提供了丰富的 I/O 接口，可以灵活地实现与周边设备的通信。ABB 的标准 I/O 板提供了数字量输出 DO、数字量输入 DI、模拟量输出 AO、模拟量输入 ai 等不同类型的信号。常用的 ABB 标准 I/O 板如表 10-3 所示。

表 10-3　ABB 标准 I/O 板

型号	说明
DSQC 651	分布式 I/O 模块：DI8 \ DO8 AO2
DSQC 652	分布式 I/O 模块：DI16 \ DO16
DSQC 653	分布式 I/O 模块：DI8 \ DO8 带继电器
DSQC 355A	分布式 I/O 模块：AI4 \ AO4
DSQC 377A	输送链跟踪单元

1. 常用 I/O 板的输入、输出地址分配

(1) DSQC 651。

DI8：INPUT CH1～INPUT CH8。地址：0～7。

DO8：OUTPUT CH1～OUTPUT CH8。地址：32～39。

AO2：模拟量输出 1。地址：0～15。

模拟量输出 2。地址：16～31。

(2) DSQC 652。

DI16：INPUT CH1～INPUT CH16。地址：0～15。

DO16：OUTPUT CH1～OUTPUT CH16。地址：0～15。

(3) DSQC 653。

DI8：INPUT CH1～INPUT CH8。地址：0～7。

DO8：OUTPUT CH1A～OUTPUT CH8B。地址：0～7。

2．I/O 板的结构

以 DSQC 651 为例，I/O 板的结构如图 10-4 所示。

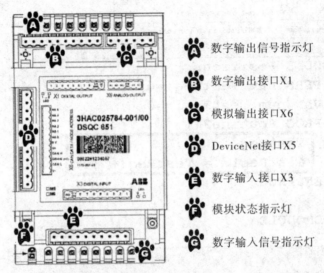

图 10-4　DSQC651 的结构及接口说明

3．I/O 板在 DeviceNet 中的地址

因为 ABB 标准 I/O 板是挂在 DeviceNet 网络上的，所以要设定模块在网络中的地址。端子 X5 的 6～12 的跳线用来决定模块的地址，地址可用范围为 10～63。

图 10-5 中，将第 8 脚和第 10 脚的跳线剪去，2＋8＝10 就可以获得 10 的地址。

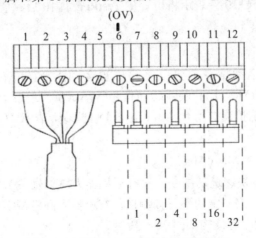

图 10-5　端子 X5 的 6～12 的跳线说明

四、基本指令

1. 赋值指令

赋值指令"：="用于对程序数据进行赋值，通俗理解为将右边的值赋给左边的变量。所赋值可以是一个数值、字符、数据表达式或函数返回值。赋值指令经常用在程序的逻辑运算中，如图 10-6 所示。

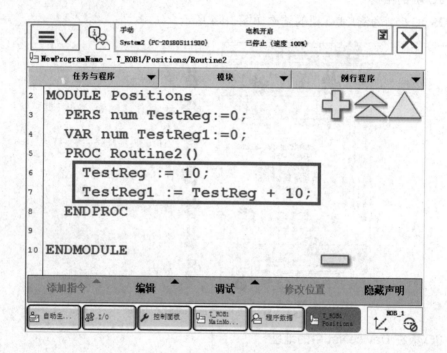

图 10-6　赋值指令的使用

"TestReg:=10；"表示将数值 10 赋值给可变量 TestReg。

"TestReg1：= TestReg+10；"表示将可变量 TestReg 加 10 后赋值给变量 TestReg1，那么 TestReg1 的值将为 20。

2. 运动指令

ABB 工业机器人运动指令主要由绝对位置运动指令(MoveAbsJ)、关节运动指令(MoveJ)、线性运动指令(MoveL)和圆弧运动指令(MoveC)等四类指令构成；此外还包括在四类指令基础上进行功能扩展的指令。如 MoveLDO 指令，表示 TCP 在线性运动的同时触发一个输出信号。

1) 绝对位置运动指令(MoveAbsJ)

MoveAbsJ 指令属于快速运动指令，执行后机器人将以轴关节的最佳姿态迅速到达目标点位置，其运动轨迹具有一定的不可预测性。在机器人回机械零点的路径运动中经常使用该指令。MoveAbsJ 指令的结构如图 10-7 所示。

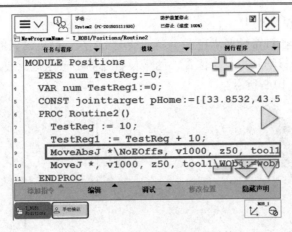

图 10-7　绝对位置运动指令的结构

图 10-8 所示为绝对位置运动指令的参数。

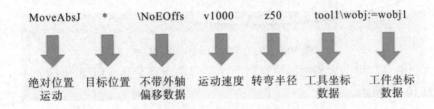

图 10-8　绝对位置运动指令的参数

绝对位置运动指令(MoveAbsJ)的参数说明如表 10-4 所示。

表 10-4　绝对位置指令的参数说明

参数	含　义	说　明
*	目标点的位置数据	机器人 TCP 的运动目标,包含 6 个关节轴数据
\NoEOffs	不带外轴偏移数据	无
v1000	运动速度数据	值越大机器人运动速度越快,最高为 5000 mm/s,在手动限速状态下所有运动被限速在 250 mm/s
z50	转弯区半径	定义转弯区的大小,如果设为 fine,表示转弯无拐角,机器人达到目标点时的目标点速度降为零
tool1	运动期间使用的工具坐标数据	定义当前指令使用的工具
wobj1	运动期间使用的工件坐标数据	定义当前指令使用的工件坐标

2) 关节运动指令(MoveJ)

MoveJ 指令使用在对路径要求精度不高的情况下，执行后机器人的工具 TCP 从一个位置以姿态最佳的路径移动到另一个位置，两个位置之间不一定是直线，运动轨迹具有一定的不可预测性，如图 10-9 所示。

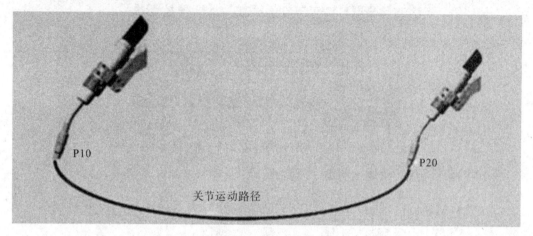

图 10-9　关节运动指令的运动路径

关节运动指令适用于大范围的快速运动，不容易出现奇异点问题(机械死点)，其指令的结构如图 10-10 所示。

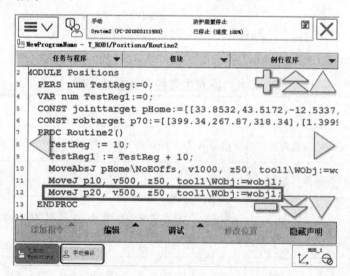

图 10-10　关节运动指令的结构

图 10-11 所示为关节运动指令的参数。

图 10-11　关节运动指令的参数

关节运动指令(MoveJ)的参数说明如表 10-5 所示。

表 10-5　关节运动指令的参数说明

参数	含　义	说　明
p20	目标点的位置数据	机器人 TCP 的运动目标，包含 6 个关节轴数据
v500	运动速度数据	值越大机器人运动速度越快，最高为 5000 mm/s，在手动限速状态下所有运动被限速在 250 mm/s
z50	转弯区半径	定义转弯区的大小，如果设为 fine，表示转弯无拐角，机器人达到目标点时的目标点速度降为零
tool1	运动期间使用的工具坐标数据	定义当前指令使用的工具
wobj1	运动期间使用的工件坐标数据	定义当前指令使用的工件坐标

3) 线性运动指令(MoveL)

MoveL 指令的特点是机器人的工具 TCP 从起点到终点之间的路径始终保持为直线，机器人的运动轨迹是可预测的，如图 10-12 所示。

图 10-12　线性运动指令的运动路径

线性运动时机器人的轨迹是可以预测的，可以非常方便地实现矩形、三角形、直线等平面运动轨迹，其指令的结构如图 10-13 所示。

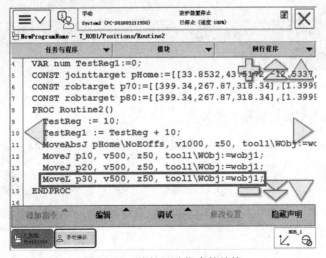

图 10-13　线性运动指令的结构

4) 圆弧运动指令(MoveC)

MoveC 指令是指机器人在可到达的空间范围内定义三个位置点，分别为圆弧的起点、圆弧的曲率和圆弧终点，其路径规划是可预测的，如图 10-14 所示。

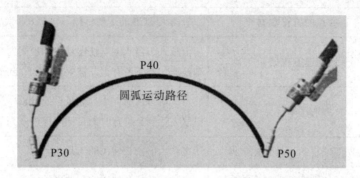

图 10-14　圆弧运动指令的运动路径

圆弧运动指令的结构如图 10-15 所示，其上一条指令的目标点 p30 为圆弧运动的起点，p40 为圆弧的曲率半径，p50 为圆弧的终点。

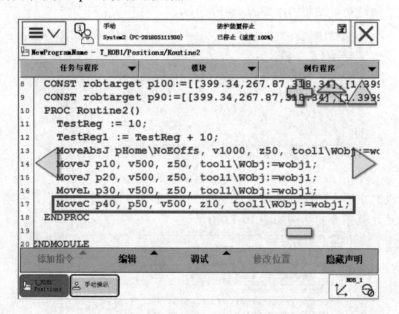

图 10-15　圆弧运动指令的结构

图 10-16 所示为圆弧运动指令的参数。

图 10-16　圆弧运动指令的参数

圆弧运动指令(MoveC)的参数说明如表 10-6 所示。

表 10-6　圆弧运动指令的参数说明

参数	含　义	说　明
p40	圆弧运动的曲率点	为圆弧运动的中间点，即第二个点
p50	圆弧运动的终点	圆弧运动的终点，即第三个点
v500	运动速度数据	值越大机器人运动速度越快，最高为 5000 mm/s，在手动限速状态下所有运动被限速在 250 mm/s
z50	转弯区半径	定义转弯区的大小，如果设为 fine，表示转弯无拐角，机器人达到目标点时的目标点速度降为零
tool1	运动期间使用的工具坐标数据	定义当前指令使用的工具
wobj1	运动期间使用的工件坐标数据	定义当前指令使用的工件坐标

3. I/O 控制指令

1) 数字信号置位指令(Set)

Set 指令用于将数字输出信号(Digital Output)置位为 1，如图 10-17 所示。

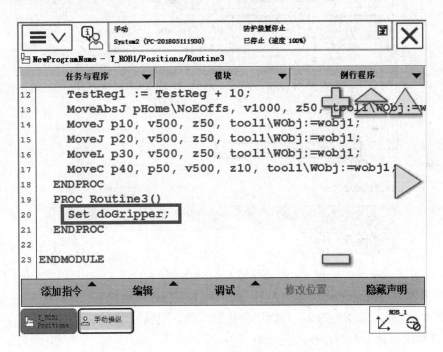

图 10-17　数字信号置位指令的使用

2) 数字信号复位指令(Reset)

Reset 指令用于将数字输出信号(Digital Output)复位为 0，如图 10-18 所示。

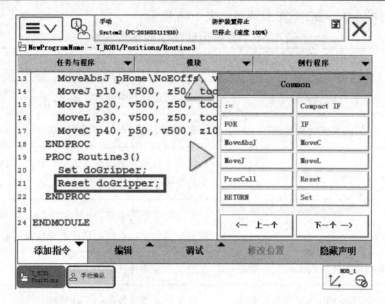

图 10-18　数字信号复位指令的使用

3) 数字输入信号判断指令(WaitDI)

WaitDI 指令用于判断数字输入信号是否与目标值一致，如图 10-19 所示。

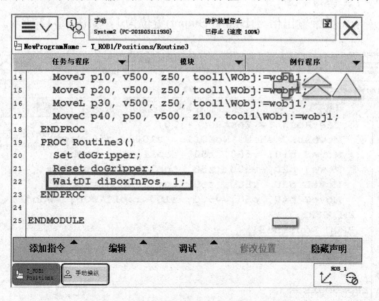

图 10-19　数字输入信号判断指令的使用

程序将等待 diBoxInPos 的值变为 1，如果为 1 则程序继续往下执行；如果达到最大等待时间 300 s 以后，值还不为 1，则程序会报警或进入出错处理程序。

4) 数字输出信号判断指令(WaitDO)

WaitDO 指令用于判断数字输出信号是否与目标值一致，如图 10-20 所示。

程序将等待 doGripper 的值变为 1，如果为 1 则程序继续往下执行；如果达到最大等待时间 300 s 以后，值还不为 1，则程序会报警或进入出错处理程序。

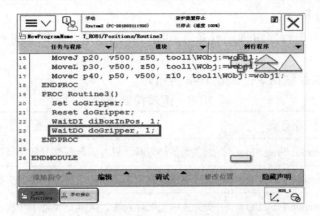

图 10-20 数字输出信号判断指令的使用

5) 信号判断指令(WaitUntil)

WaitUntil 指令用于布尔量、数字量和 I/O 信号值的判断，如果条件达到指令中的设定值，则程序继续往下执行，否则就一直等待，除非设定了最大等待时间，如图 10-21 所示。

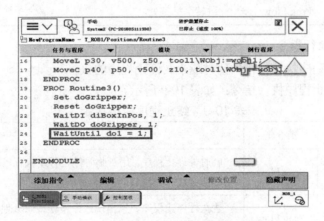

图 10-21 数字输出信号判断指令的使用

五、程序流程控制指令

1. 程序调用指令

(1) 作用：在当前程序执行到某一指令处时，中断后续指令的执行，并调用另一程序，以处理当前程序执行期间可能出现的各种情况。

(2) 常用的程序调用指令：如表 10-7 所示。

表 10-7 程序调用指令

指令名称	指令集	用 途
ProcCall	Common/Prog.Flow	调用程序，可进行递归调用
CallByVar	Prog.Flow	通过变量调用无返回值的程序
RETURN	Common/Prog.Flow	返回原程序，可带参数返回

2. 逻辑控制指令

(1) 作用：在单一程序内部进行条件判断、循环判断、选择分支判断和跳转判断等操作。

(2) 常用的逻辑控制指令：如表 10-8 所示。

表 10-8　逻辑控制指令

指令名称	指令集	用　途
Compact IF	Common/Prog.Flow	成立型条件判断。只有满足条件时才能执行
IF	Common/Prog.Flow	选择型条件判断。基于是否满足条件，来执行指令序列
FOR	Common/Prog.Flow	次数控制型循环判断。重复一段程序多次
WHILE	Common/Prog.Flow	直到型循环判断。重复指令序列，直到满足给定条件
TEST	Prog.Flow	选择分支型判断。基于表达式的数个执行不同指令
Label	Prog.Flow	指定标签
GOTO	Prog.Flow	跳转至标签处

3. 终止程序执行指令

(1) 作用：在程序执行过程中暂时或永久停止程序的执行。

(2) 常用的终止程序执行指令：如表 10-9 所示。

表 10-9　终止程序执行指令

指令名称	指令集	用　途
Stop	Prog.Flow	临时性停止程序。用于临时停止程序执行，在 Stop 指令就绪之前，将完成当前执行的所用移动
EXIT	Prog.Flow	永久性停止程序。当出现致命错误或永久地停止程序执行时，应当使用 EXIT 指令
Break	Prog.Flow	中断性停止程序。Break 指令可以立即中断程序执行，并使机械臂立即停止运动
SystemStopAction	Prog.Flow	选择性停止机器人系统，用于以不同的方式来停止机器人系统
Exitcycle	Prog.Flow	终止当前循环，将程序指针移至主程序中第一个指令处

六、常用功能函数

1. 概述

ABB 工业机器人 RAPID 编程中的功能实质是对程序数据进行二次加工的函数。功能函数可按数据类型划分成组，不同功能函数组针对不同数据类型的程序数据进行处理。

当然，某些功能函数可以处理多种数据类型的程序数据，可出现在多个功能函数组中。同样，并不是所有数据类型的程序数据都拥有功能函数。科学而合理地使用功能函数可以有效地提高编程和程序执行的效率。

2. 常用功能函数

RAPID 编程时，经常需要使用到数值型(num)、布尔型(bool)、机器人目标位置型(robtarget)、数字和模拟信号(signal)等数据类型的程序数据。在示教器的程序编辑器内可对前三种数据类型直接调用功能函数用于程序数据的二次加工，但数字和模拟信号类型的程序数据在没有配置 IO 选项之前，则没有功能函数可以直接调用。

(1) 数值型(num)功能函数：51 个，部分 num 功能函数说明见表 10-10。

(2) 布尔型(bool)功能函数：31 个，部分 bool 功能函数说明见表 10-11。

(3) 位置型(robtarget)功能函数：6 个，robtarget 功能函数说明见表 10-12。

表 10-10　部分数值型(num)功能函数

功能函数	函 数 说 明
Abs()	求绝对值。例如：angle:=Abs(x_value)；angle 将获得 x_value 的绝对值
ACos()	计算反余弦值。例如：angle:= ACos(x_value)；angle 将获得 x_value 的反余弦值
AOutput()	读取模拟信号输出信息号。例如：IF AOutput(ao4)>5 THEN…；如果信号 ao4 的当前值大于 5，则……
ASin()	计算反正弦值。例如：angle:= ASin(x_value)；angle 将获得 x_value 的反正弦值
ATan()	计算角度区间在 ±90°内的反正切值。例如：angle:= ATan(x_value)；angle 将获得 x_value 的反正切值
Atan2()	计算角度区间在 ±180°内的反正切值。例如：angle:= ATan(x_value)；angle 将获得 x_value 的反正切值
ClkRead()	读取计时器数值。例如：reg1:= ClkRead(clock1)；读取时钟 clock1，并将时间(以秒计)储存在变量 reg1 中
Cos()	计算余弦值。例如：angle:= Cos(x_value)；angle 将获得 x_value 的余弦值
CSpeedOverride()	读取当前由运算符所设置的速度倍率。例如：myspeed:= CSpeedOverride()；将当前覆盖速度储存在变量 myspeed 中，如果该值为 100，则其相当于 100%
Dim()	获取数组的维数。例如：angle:= Dim(array,x)；angle 将获得数组 array 中第 x 维度的元素个数
Distance()	两点之间的距离。例如：dist:= Distance(p1,p2)；计算点 p1 与 p2 之间的空间距离，并将其储存在变量 dist 中
DnumToNum()	将 dnum 型数据转换为 num 型数据
DotProd()	两个位置矢量的夹角，典型用途是计算矢量之间的相互投射，或计算两个矢量之间的角度

续表

功能函数	函 数 说 明
EulerZYX()	根据姿态，获取欧拉角。例如：anglex:= EulerZYX(\X, object.rot)；anglex 将获得对象 x 方向的欧拉角分量
Exp()	以"e"作底数，计算指数 e^x，value:= Exp(x)，value 将获得 e^x 的值
ReadBin()	从二进制串口读取数据。例如：character:= ReadBin(inchannel)；从串口 inchannel 读取一个字节
ReadMotor()	读取当前电机的角度。例如：motor_angle2:= ReadMotor(2)；将机械臂第二个轴的当前电机角度储存在 motor_angle2 中

表 10-11　部分布尔型(bool)功能函数

功能函数	函 数 说 明
BitCheck()	检查 byte 型数据中的指定位是否置 1。例如：BitCheck(data1，8)；如果在变量 data1 中将指定位号 8 置 1，则该函数将返回至 TRUE
BitCheckDnum()	检查 dnum 型数据中的指定位是否置 1。例如：BitCheckDnum(data1，50)；如果在变量 data1 中将指定位号 50 置 1，则该函数将返回至 TRUE
IsPers()	判断一个参数是不是可变量
IsVar()	判断一个参数是不是变量
StrDigCmp()	将仅含数字的两个字符串进行比较。例如：is_equal:= StrDigCmp (″1234″，EQ，″1256″)；因为数值 1234 与 1256 不相等，因此将变量 is_equal 设置为 FALSE
StrMemb()	检查指定字符是否为公共字符。例如：memb:= StrMemb(″Robotics″，2，″aeiou″)；因为字符串"Robotics"第 2 个字母 o 是字符串"aeiou"的组成部分，因此变量 memb 的值为 TRUE
StrOrder()	按字符排列顺序比较两个字符串。例如：le:= StrOrder(″FA″，″FB″，STR_UPPER)；关键词 STR_UPPER 表示按大写字母排序进行比较。两个字符串第一个字母"F"相同，则比较第二个字母，"A"排在"B"之前，因此变量 le 的值为 TRUE
TestAndSet()	测试变量并予以设置。如果由 TestAndSet 函数的执行者取得信号，则为 TRUE，否则为 FALSE
TestDI()	测试有没有设置数字信号输入。例如：IF TestDI(di2) THEN …；如果信号 di2 的当前值等于 1，则……
ValidIO()	检查 I/O 信号是否有效

表 10-12　位置型(robtarget)功能函数

功能函数	函 数 说 明
CalcRobT()	用于计算来自给定 jointtarget 数据的 robtarget 数据。例如：p1:= CalcRobT(jointpos1, tool1\Wobj:=wobj1);将符合 jointtarget 值 jointpos1 的 robtarget 值储存在 p1 中。工具 tool1 和工件 wobj1 用于计算 p1 的位置
CRobT()	读取当前位置(机器人位置)数据。用于读取机械臂和外轴的当前位置。例如：p1:= CRobT(\Tool:=tool1\Wobj:=wobj0);将机械臂和外轴的当前位置储存在 p1 中。工具 tool1 和工件 wobj0 用于计算位置
MirPos()	镜像一个位置。用于反映一处位置的平移和旋转零件。例如：p2:= MirPos(p1, mirror); p1 为某一机器人位置，其储存机械臂的一处位置以及工具的一个方位。通过大地坐标系相关的 mirror 所定义的坐标系的 xy 平面，反映出该位置。该结果为新机器人位置数据，将其储存在 p2 中
Offs()	对机器人位置进行偏移。用于在一个机械臂位置的工件坐标系中添加一个偏移量。例如：MoveL Offs(p1, 0, 0, 10), V1000, z50, tool1;将机械臂移动至距位置 p1(沿 z 轴正方向)10mm 的一个点
ORobT()	读取当前清除偏移量后的位置。用于将一个机械臂位置从程序位移坐标系转换至工件坐标系，和/或移除外轴的偏移量。例如：p11:= ORobT(p10);将 p10 中不含程序位移和外轴偏移量的位置数据储存在 p11 中
RelTool()	对工具的位置和姿态进行偏移。例如：MoveL ORobT(p1, 0, 0, 0\RZ:=25), V100, fine, tool1;将工具围绕其 z 轴旋转 25°

说明：有关 ABB 工业机器人功能函数的详细内容可参考 ABB 官方技术参考手册—RAPID 指令、函数和数据类型。

七、中断程序

1. 中断程序(TRAP)概述

RAPID 语言将程序分为无返回值程序、有返回值程序和中断程序三类。其中无返回值程序可用作子程序进行嵌套调用；有返回值程序会返回一个特定类型的数据，可用作指令的参数；而中断程序则提供了一种中断的应对方式，一个中断程序只对应一次特定中断，一旦发生中断，则将自动执行对应中断程序，但不能从程序中直接调用中断程序。

当前版本的 RAPID 语言提供的中断程序触发方式主要有信号触发、定时触发、错误触发、消息队列触发、位置触发和变量触发等 6 种类型。其中信号触发型中断主要用于处理因外部信号响应延时而产生的系统节拍异常；定时触发型中断可用于处理各类需要进行定时扫描或检测的工艺；错误触发型中断一般用于系统出错时的诊断；消息队列触发型中断一般用于远程通信时的数据校验；位置触发型中断一般用于机器人姿态或路径的监控；变量触发型中断一般用于机器人系统及用户数据的监控。

2. 中断设置指令

中断设置指令主要用于中断标识符生成、标识符与中断程序绑定、触发中断类型设置等中断初始化设置。中断设置指令如表 10-13 所示。

表 10-13　中断设置指令

指令名称	指令集	用　　途
CONNECT	Interrupts	连接一个中断标识符到中断程序
ISignalDI	Interrupts	使用一个数字输入信号触发中断
ISignalDO	Interrupts	使用一个数字输出信号触发中断
ISignalGI	Interrupts	使用一个组输入信号触发中断
ISignalGO	Interrupts	使用一个组输出信号触发中断
ISignalAI	Interrupts	使用一个模拟输入信号触发中断
ISignalAO	Interrupts	使用一个模拟输出信号触发中断
ITimer	Interrupts	计时器中断
TriggInt	Motion Adv	在一个指定位置触发中断
Ipers	Interrupts	使用一个可变量触发中断
IError	Interrupts	当一个错误发生时触发中断
IRMQMessage	Communicate	当 RAPID 语言消息队列收到指定数据类型数据时触发中断
IDelete	Interrupts	取消中断
GetTrapData	Interrupts	获取当前中断程序中的中断数据
ReadErrData	Interrupts	获取当前中断程序中的错误数据

注：调用指令 IRMQMessage 之前，需要为机器人添加 PC Interface 和 FlexPendant Interface 功能。假如需要在 Robot Studio 中进行仿真，需要同时添加类别"Communication"中的选项"PC Interface"和"FlexPendant Interface"。

3. 中断控制指令

中断控制指令主要用于对机器人系统内部所有中断程序进行监控和管理。中断控制指令如表 10-14 所示。

表 10-14　中断控制指令

指令名称	指令集	用　　　途
ISleep	Interrupts	关闭一个中断
IWatch	Interrupts	激活一个中断
IDisable	Interrupts	禁用所用中断
IEnable	Interrupts	激活所用中断

【项目实施】

一、建立程序数据

程序数据的建立一般可分为两种形式，一种是直接在示教器中的程序数据界面中建立程序数据；另一种是在建立程序指令时，同时自动生成对应的程序数据。

本项目将通过在示教器的程序数据界面中建立程序数据，介绍建立布尔数据(bool)和数字数据(num)的方法。

1. 创建布尔型(bool)程序数据

(1) 在示教器的触摸屏上，单击"ABB"按钮，如图 10-22 所示；

(2) 在弹出的主界面中，选择"程序数据"，如图 10-22 所示；

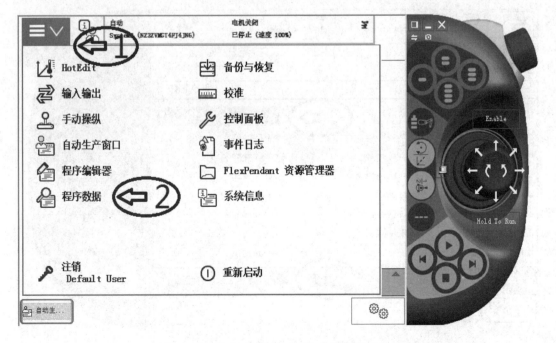

图 10-22　选择"ABB"按钮→"程序数据"

(3) 点击右下方的"视图",选择"全部数据类型",如图 10-23 所示。

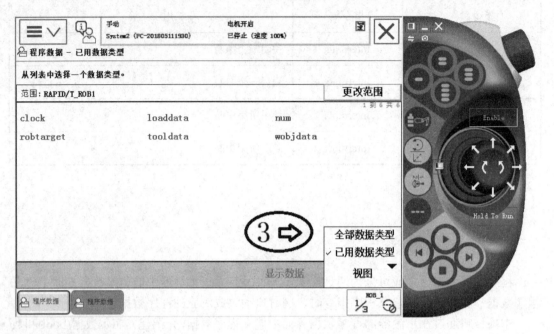

图 10-23　选择"全部数据类型"

(4) 选择数据类型"bool",如图 10-24 所示。

(5) 单击"显示数据",如图 10-24 所示。

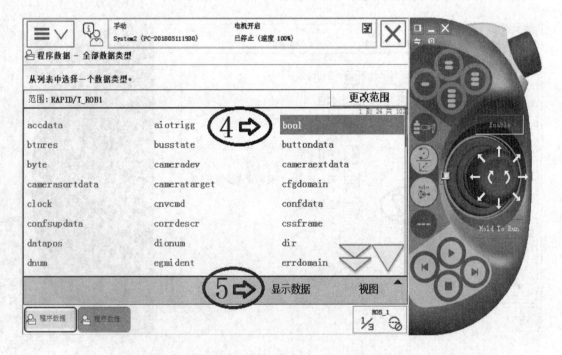

图 10-24　选择数据类型"bool"并单击"显示数据"

（6）单击"新建…"，如图 10-25 所示。

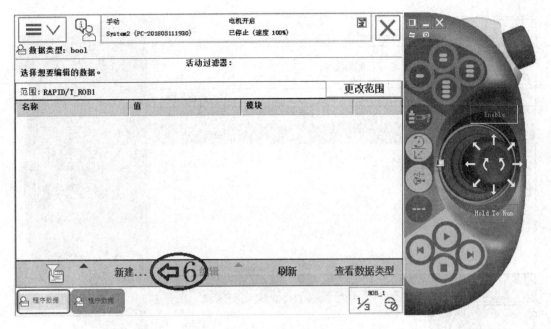

图 10-25 单击"新建"

（7）单击"…"按钮进行名称的设定，如图 10-26 所示。

（8）单击"▼"下拉菜单选择对应的参数，如图 10-26 所示。

（9）单击"确定"完成设定，如图 10-26 所示。

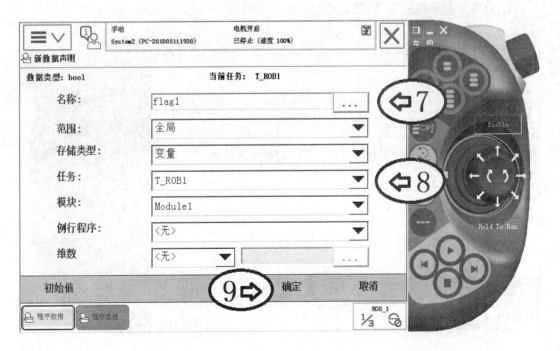

图 10-26 设定名称和设置参数

(10) 创建后的效果如图 10-27 所示。

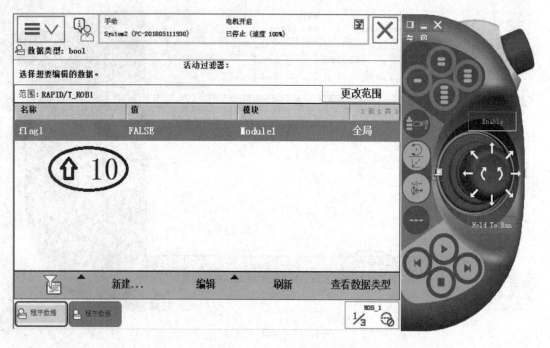

图 10-27　创建后的效果

2. 创建数字型(num)程序数据

(1) 在"程序数据"界面，选择数据类型"num"，如图 10-28 所示。

(2) 单击"显示数据"，如图 10-28 所示。

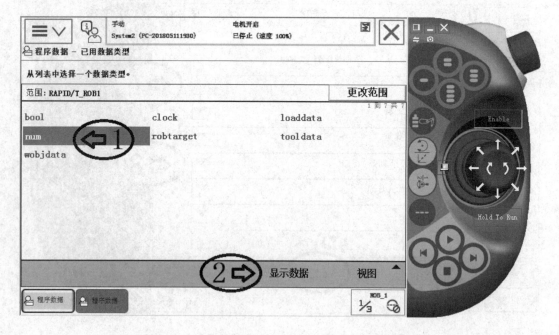

图 10-28　选择数据类型"num"并单击"显示数据"

(3) 单击"新建…",如图 10-29 所示。

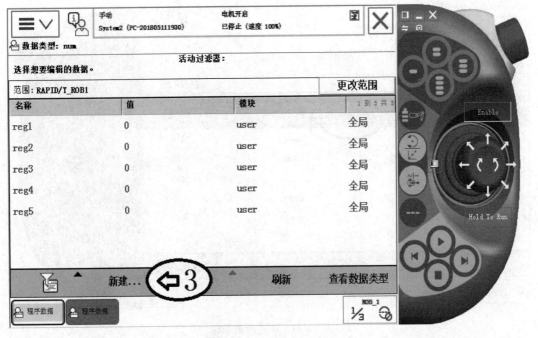

图 10-29 单击"新建"

(4) 单击"…"按钮将名称设定为 m,如图 10-30 所示。

(5) 单击"初始值",将初始值设定为 360,如图 10-30 所示。

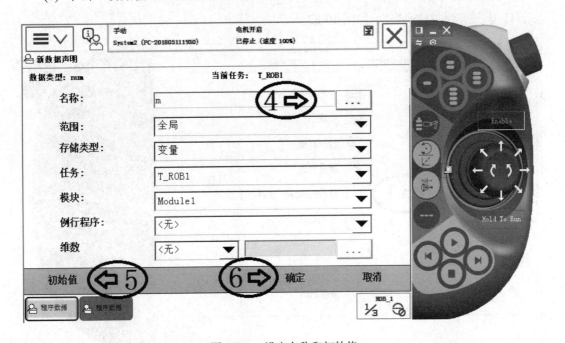

图 10-30 设定名称和初始值

(6) 单击"确定"完成设定,如图 10-31 所示。

(7) 创建后的效果如图 10-31 所示。

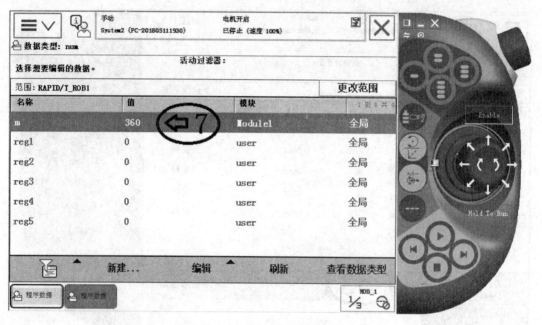

图 10-31　创建后的效果

二、创建程序模块与例行程序

1. 创建程序模块

(1) 单击"程序编辑器"，如图 10-32 所示。

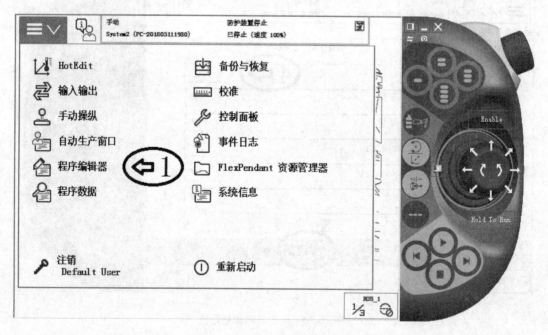

图 10-32　单击"程序编辑器"

(2) 单击"取消"按钮，进入模块列表界面，如图 10-33 所示。

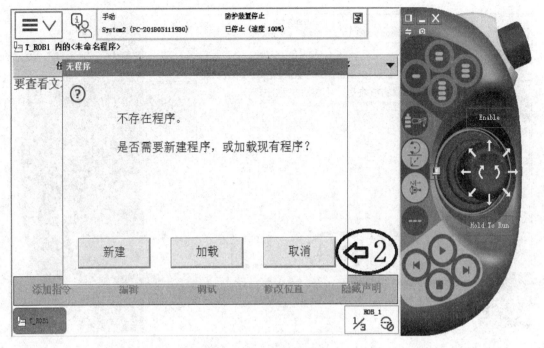

图 10-33　进入模块列表界面

(3) 点击左下角的"文件"菜单，选择"新建模块"，如图 10-34 所示。

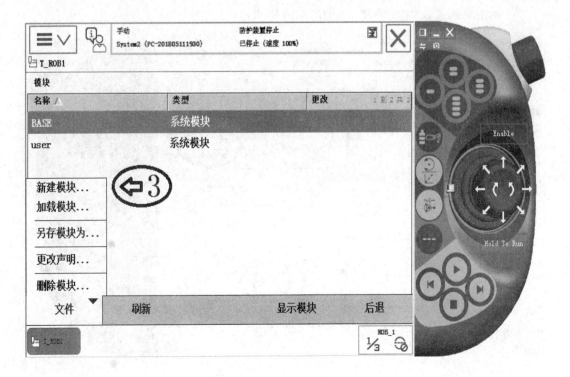

图 10-34　选择"新建模块"

(4) 单击"是"按钮，继续添加新的模块，如图 10-35 所示。

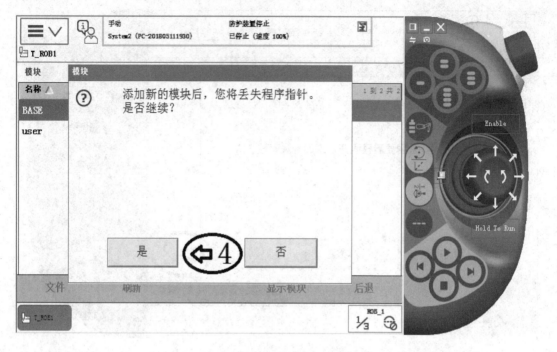

图 10-35　继续添加新的模块

(5) 点击"ABC..."按钮进行模块名称的设定，如图 10-36 所示。

(6) 单击"确定"，完成创建，如图 10-36 所示。

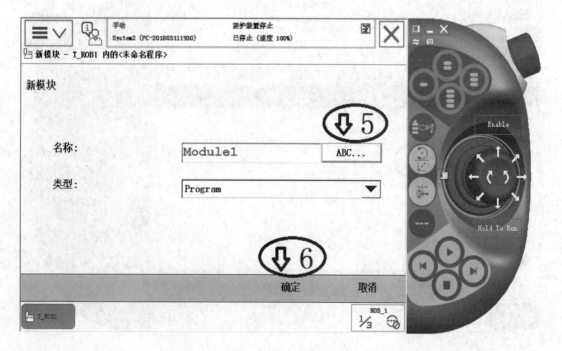

图 10-36　设定模块名称

(7) 创建后的效果如图 10-37 所示。

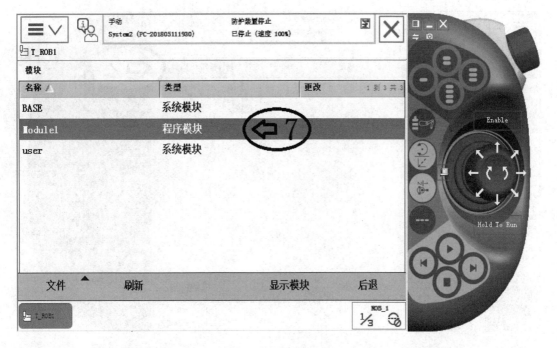

图 10-37 创建后的效果

2. 创建例行程序

(1) 选中程序模块"Module1",单击"显示模块",如图 10-38 所示。

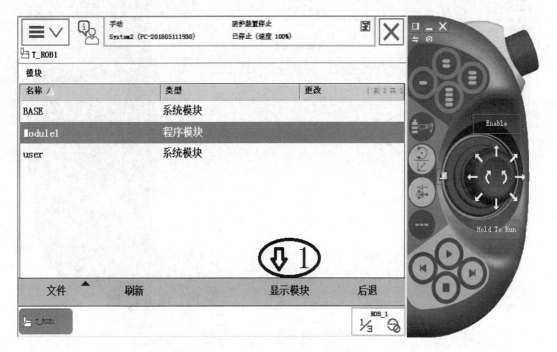

图 10-38 单击"显示模块"

(2) 单击"例行程序",如图 10-39 所示。

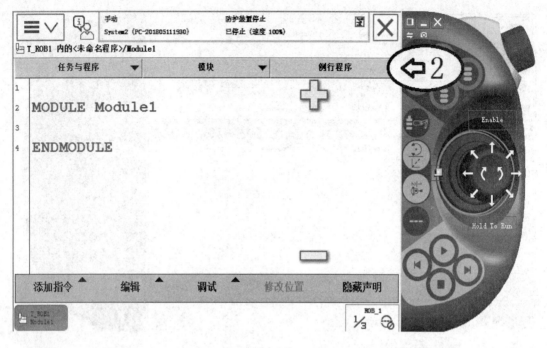

图 10-39　单击"例行程序"

(3) 打开左下角的"文件"菜单,选择"新建例行程序",如图 10-40 所示。

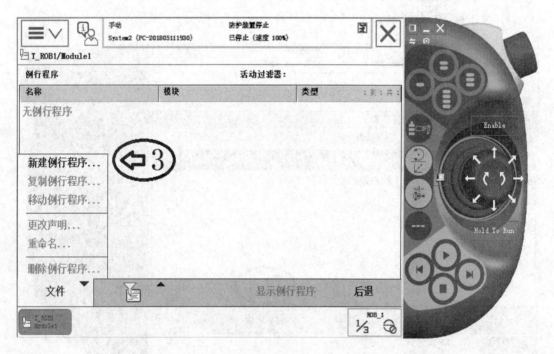

图 10-40　选择"新建例行程序"

(4) 建立一个主程序,将名称设定为"main",如图 10-41 所示。

(5) 单击"确定"，如图 10-41 所示。

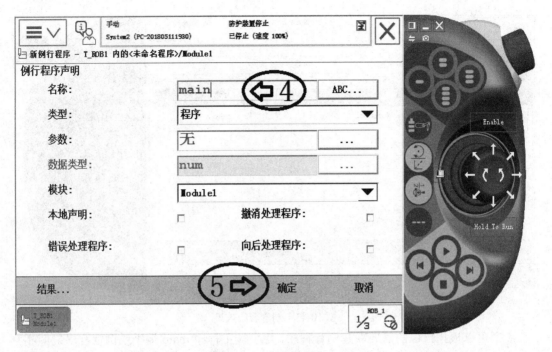

图 10-41　设定主程序名称

(6) 打开左下角的"文件"菜单，选择"新建例行程序"，再次创建一个例行程序，如图 10-42 所示。

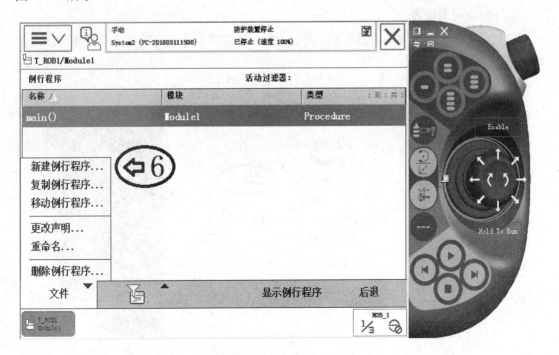

图 10-42　再次创建一个例行程序

(7) 创建后的效果如图 10-43 所示。

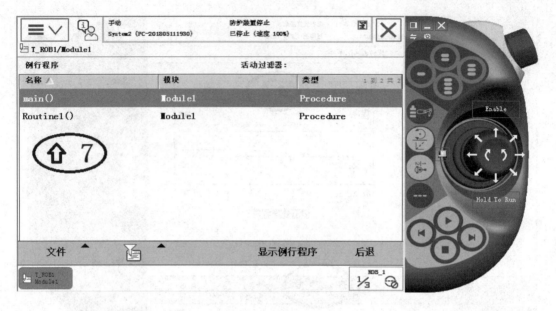

图 10-43　创建后的效果

注：可以根据自己的需要新建例行程序，用于被主程序 main 调用或例行程序之间相互调用。

三、I/O 信号的配置与监控

1. I/O 信号的配置

在使用 I/O 信号之前，需要对 I/O 进行配置。以配置数据输出信号 do1 为例，配置步骤如下：

(1) 在主功能菜单中，单击"控制面板"，如图 10-44 所示。

图 10-44　单击"控制面板"

（2）在系统控制面板中，单击"配置"，进行系统参数配置，如图 10-45 所示。

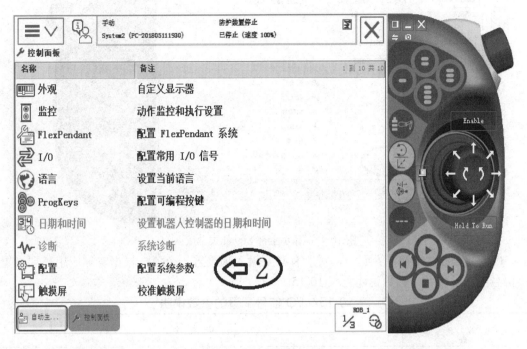

图 10-45　配置系统参数

（3）选中需要创建的 Signal 类型，单击"显示全部"，如图 10-46 所示。

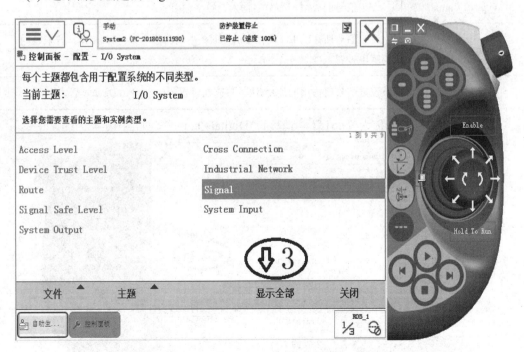

图 10-46　选中"Signal"类型

（4）显示全部 Signal 类型数据，单击"添加"进行新建，如图 10-47 所示。

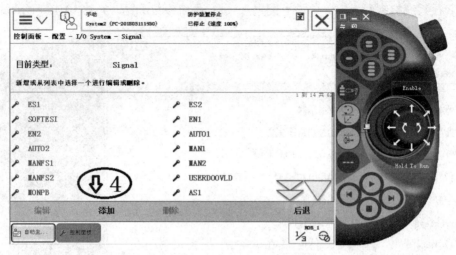

图 10-47　显示全部 Signal 类型数据

(5) 在信号属性设置界面中，对所有必要输入项设置一个值；根据实际应用需要设置该信号的属性参数，参数说明见表 10-15。

表 10-15　I/O 信号配置的参数说明

参数名称	功　能　描　述
Name	设定信号的名称，最多 32 个字符
Type of Signal	设定信号的类型，如数字输入、数字输出等
Assigned to Device	设定信号所在的 I/O 板在 DeviceNet 中的名称，如：board10。若未联网，则不用设置
Unit Mapping	设定信号所占用的地址(注：只有在设置 Assigned to Device 后才出现)

(6) 输入该信号的名称为"do1"，类型为"Digital Output"，如图 10-48 所示。

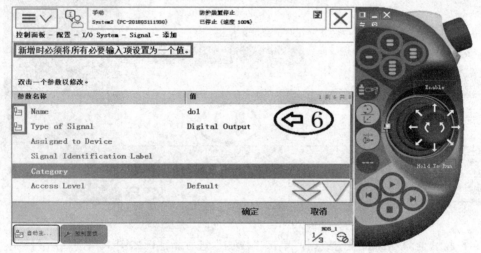

图 10-48　输入信号名称和类型

(7) 参数设置完成后单击"确定"，不需设置的参数可为默认值，系统提示是否重新启动控制器生效，单击"是"按钮，如图 10-49 所示。

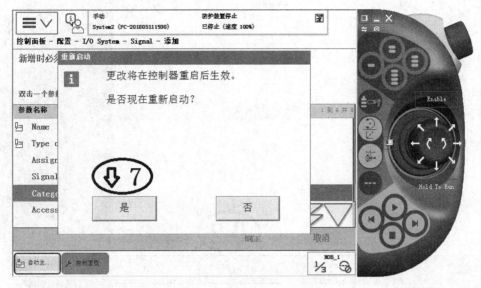

图 10-49 设置完成后重启生效

2. I/O 信号的仿真与监控

在进行机器人 I/O 编程时，对 I/O 信号进行在线仿真操作，可以快速验证相关硬件的有效性和编程程序的正确性，为编程和调试过程提供了极大的便利。共设置过程如下：

(1) 在控制面板中，单击"I/O"，选择"配置常用 I/O 信号"，如图 10-50 所示。

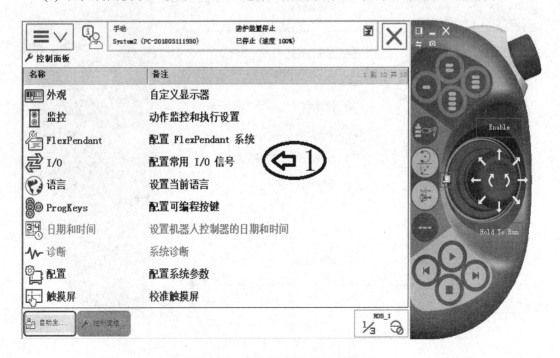

图 10-50 选择"配置常用 I/O 信号"

(2) 根据实际情况勾选需要使用的 I/O 信号，单击"应用"，如图 10-51 所示。

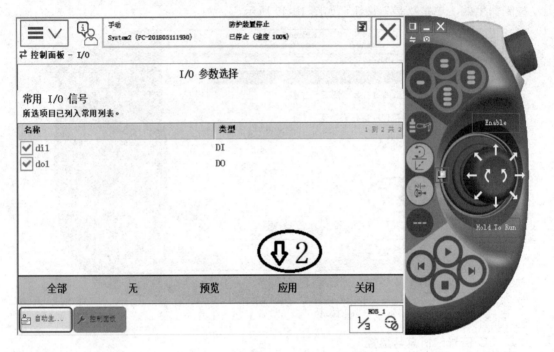

图 10-51　勾选需要使用的 I/O 信号

(3) 返回系统主功能菜单，单击"输入输出"，如图 10-52 所示。

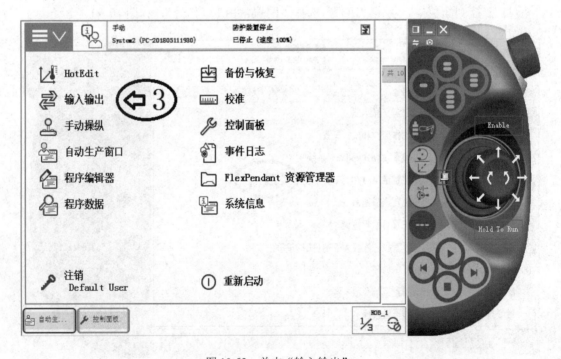

图 10-52　单击"输入输出"

(4) 选中需要仿真的输入或输出信号，单击数据栏可以对其数值进行赋值仿真，如图

10-53 所示。

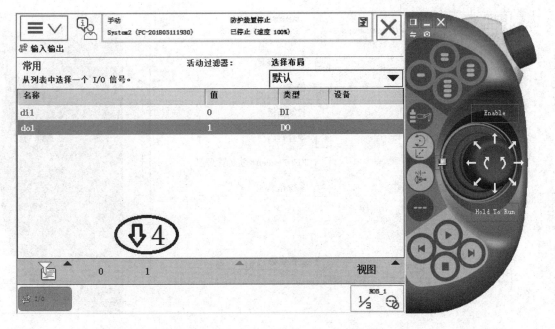

图 10-53　选中需要仿真的输入或输出信号并对其数据进行仿真

（5）在 I/O 显示列表中可直接监控 I/O 信号的数值状态，如图 10-54 所示，diBoxInPos 数据发生翻转。

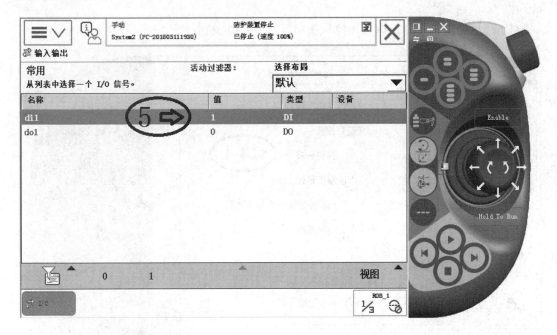

图 10-54　I/O 信号的数值状态

3. 配置 I/O 可编程按键

在如图 10-55 所示的示教器中，硬件控制按钮最上方有 4 个 I/O 可编程按键，顺时针排序为按键 1、2、3、4，默认为空置，使用时需要进行配置。

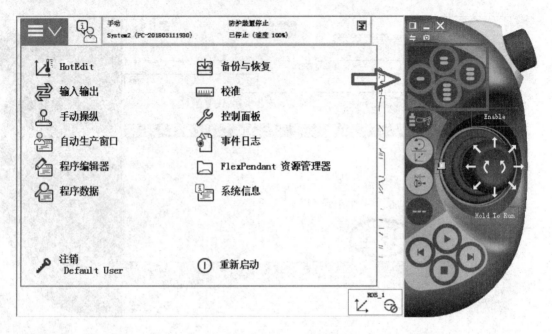

图 10-55 I/O 可编程按键

在编程和调试时，经常需要对 I/O 信号进行仿真设置，为了避免多窗口的来回切换，可编程控制按键能快速对 I/O 信号进行仿真，为编程和调试工作提供了便利。其设置过程如下：

(1) 在主功能菜单中，单击"控制面板"，如图 10-56 所示。

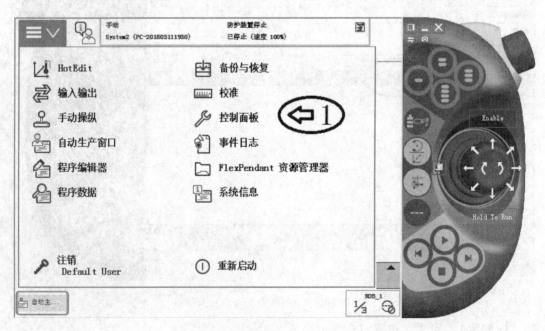

图 10-56 单击"控制面板"

(2) 在控制面板中，单击"配置可编程按键"，如图 10-57 所示。

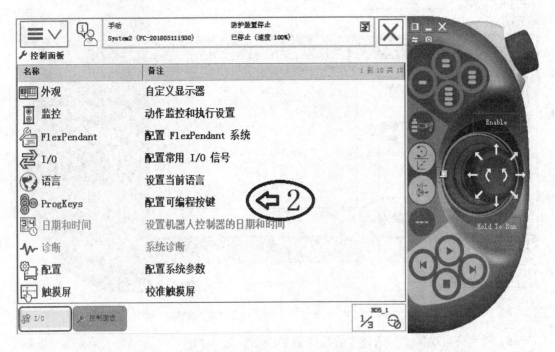

图 10-57　单击"配置可编程按键"

(3) 配置可编程按键，在按键 1 的"类型"下拉框中选择信号的类型，设置为"输出"，如图 10-58 所示。

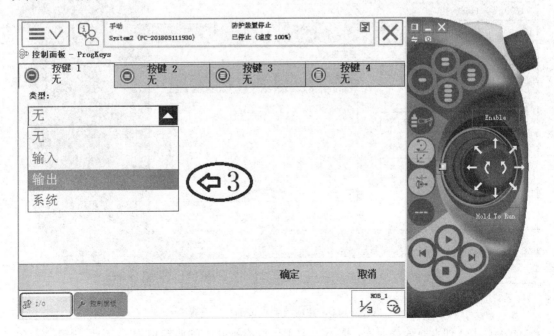

图 10-58　选择信号类型

(4) 设置按键 1 的"按下按键"为"按下/松开"数值切换功能，如图 10-59 所示。

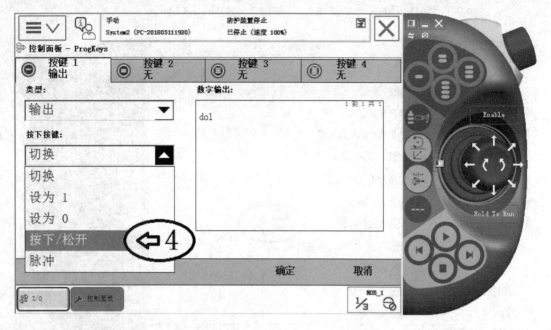

图 10-59　设置按键 1 的"按下按键"功能

　　(5)"允许自动模式"选择"否";"数字输出"选择"do1",再单击"确定",完成可编程按键 1 的设置,如图 10-60 所示。

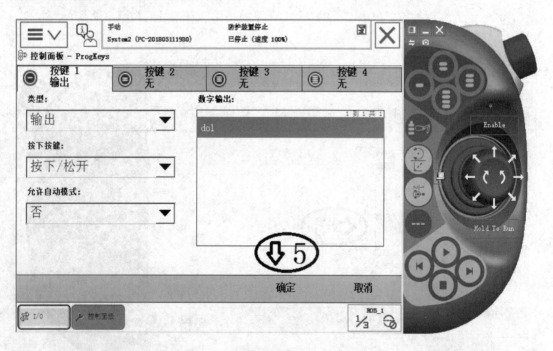

图 10-60　完成可编程按键 1 的设置

　　(6)在 I/O 列表监控界面中,按下按键 1 可以看到 do1 的值转换为 1,松开则转换为 0,如图 10-61 所示。

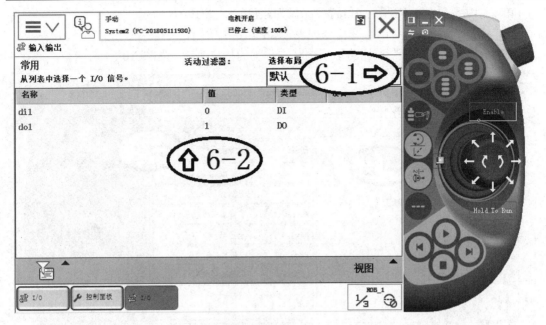

图 10-61　按下和松开按键 1

四、常用程序指令的使用

ABB 机器人的 RAPID 编程提供了丰富的指令来完成各种简单与复杂的应用。下面就从最常用的指令开始学习 RAPID 编程，领略 RAPID 丰富的指令集提供的编程便利性。

1. 指令编辑的基本操作

(1) 打开 ABB 菜单，选择"程序编辑器"，如图 10-62 所示。

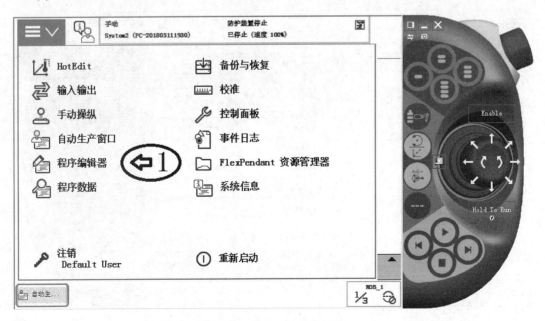

图 10-62　选择"程序编辑器"

(2) 选中要插入指令的程序位置，高显为蓝色，如图 10-63 所示。

(3) 单击"添加指令"，打开指令列表，如图 10-63 所示。

(4) 单击"Common"按钮可切换到其它分类的指令列表，如图 10-63 所示。

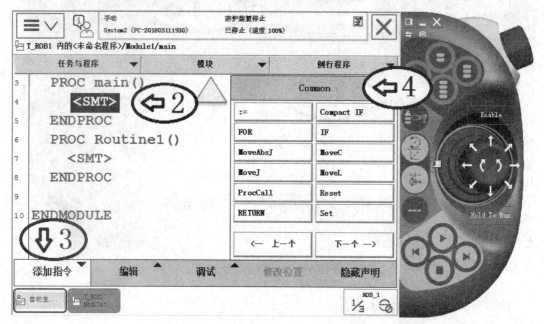

图 10-63　指令编辑的基本操作

2. 赋值指令

1) 添加常量赋值指令的操作(m:=5)

(1) 在指令列表中选择":="，如图 10-64 所示。

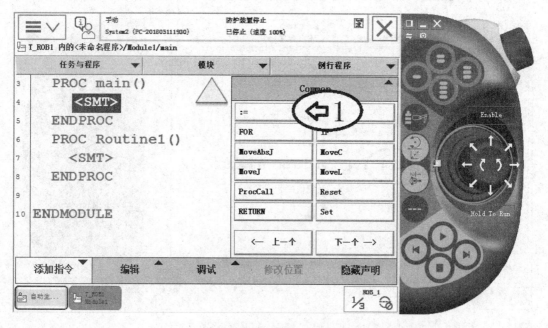

图 10-64　选择指令":="

(2) 单击"新建",如图 10-65 所示。

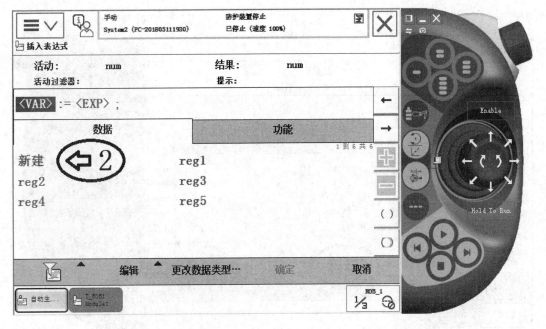

图 10-65 单击"新建"

(3) 单击"…"按钮,在弹出的窗口中将"名称"reg6 改为 m,然后单击"确定",如图 10-66 所示。

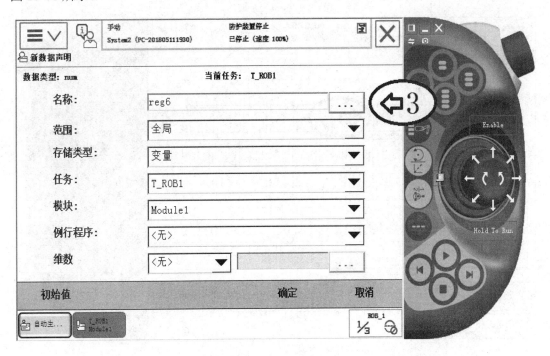

图 10-66 设定数据名称

(4) 选中"<EXP>"，然后点击"编辑"，选择"仅限选定内容"，如图 10-67 所示。

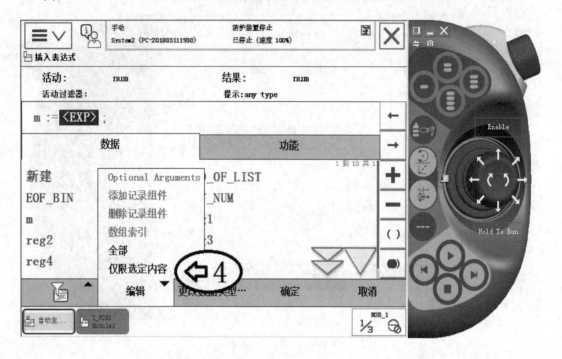

图 10-67　编辑"<EXP>"

(5) 点击"5"，再点击"确定"，如图 10-68 所示。

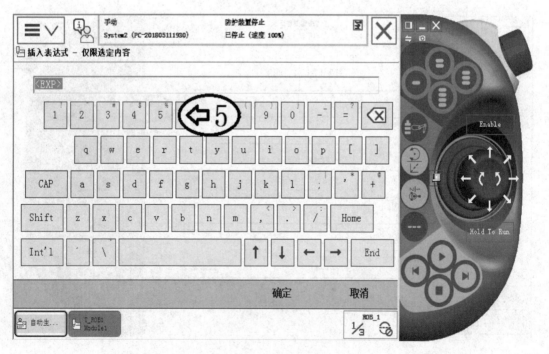

图 10-68　点击"5"

(6) 点击"确定"，如图10-69所示。

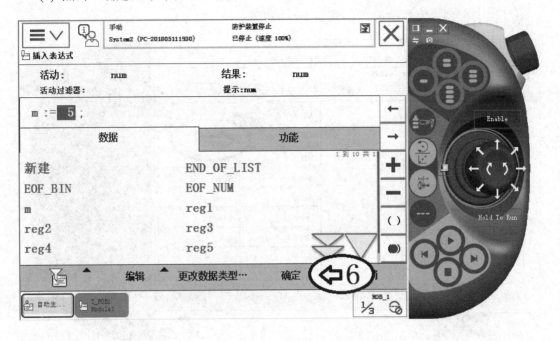

图 10-69　点击"确定"

(7) 添加常量赋值指令完成后的状况如图10-70所示。

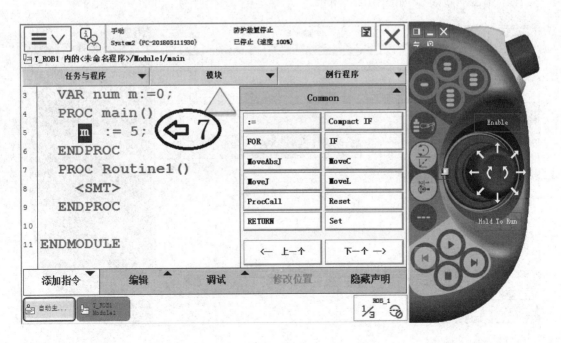

图 10-70　添加常量赋值指令完成后的状况

2) 添加带数学表达式的赋值指令的操作(n := m+6)

(1) 在指令列表中选择 ":=", 如图 10-71 所示。

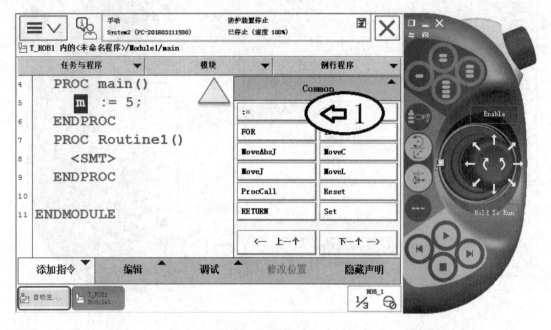

图 10-71　选择指令 ": ="

(2) 单击"新建", 如图 10-72 所示。

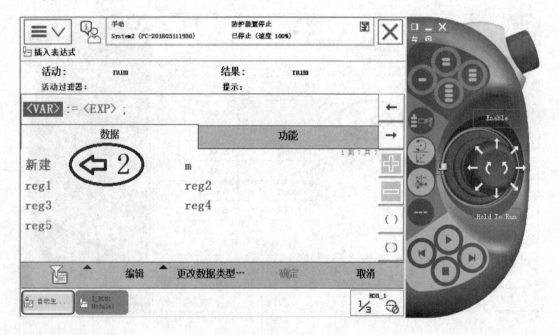

图 10-72　单击"新建"

(3) 将"名称"设定为 n，然后单击"确定"，如图 10-73 所示。

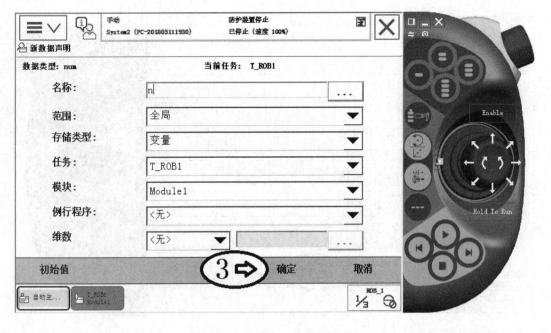

图 10-73　设定数据名称

(4) 选中"<EXP>"，然后点击"编辑"，选择"仅限选定内容"，如图 10-74 所示。

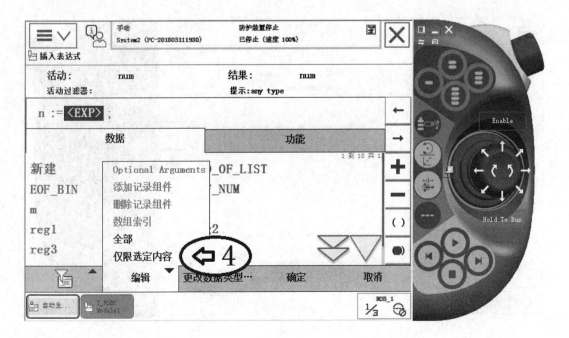

图 10-74　编辑"<EXP>"

(5) 输入"m+6"，再点击"确定"，如图 10-75 所示。

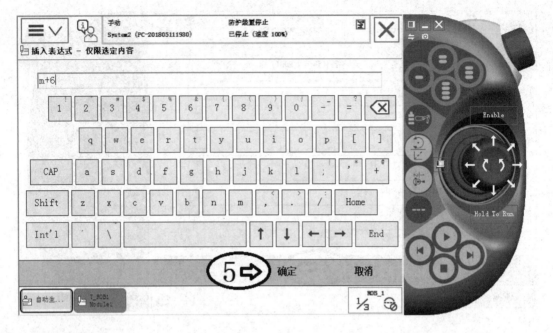

图 10-75　输入"m+6"

(6) 点击"确定"，如图 10-76 所示。

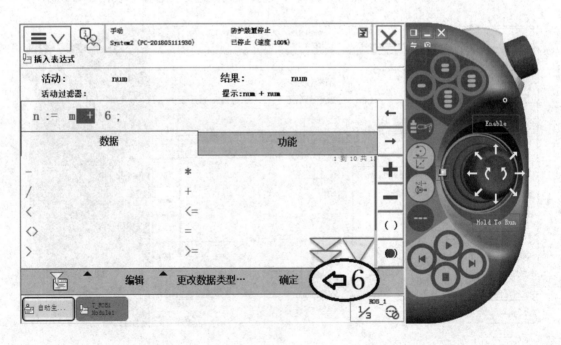

图 10-76　点击"确定"

　　(7)"添加指令"对话框中选择"下方",表示刚输入的指令在先前的指令之后,如图 10-77 所示。

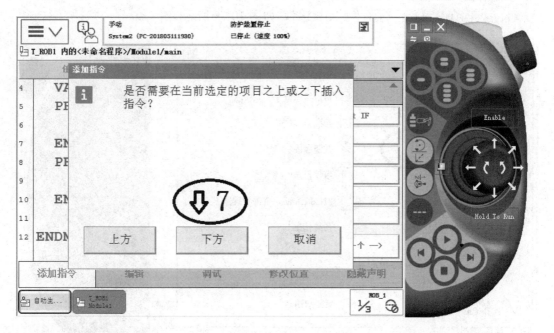

图 10-77　选择"下方"

　　(8) 添加带数学表达式赋值指令完成后的状况如图 10-78 所示。

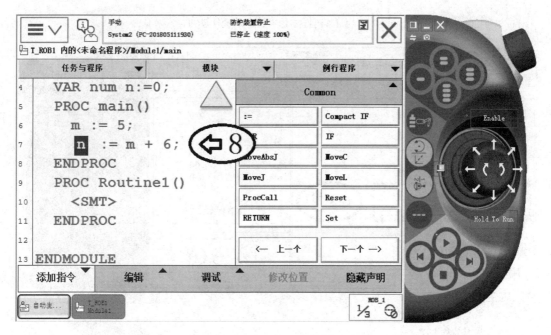

图 10-78　添加带数学表达式的赋值指令完成后的状况

3. 机器人运动指令

以绝对位置运动指令 MoveAbsJ 为例，其设置过程如下：

(1) 打开 ABB 菜单，选择"手动操纵"，如图 10-79 所示。

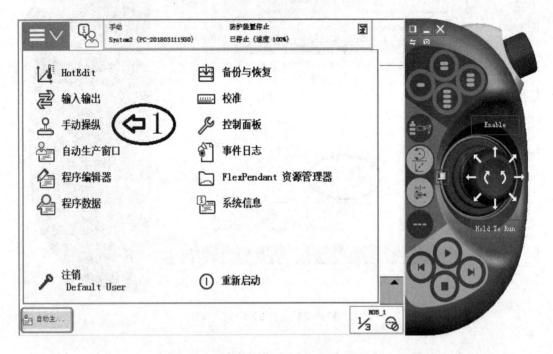

图 10-79　选择"手动操纵"

(2) 确定已选定的工具坐标与工件坐标，如图 10-80 所示。

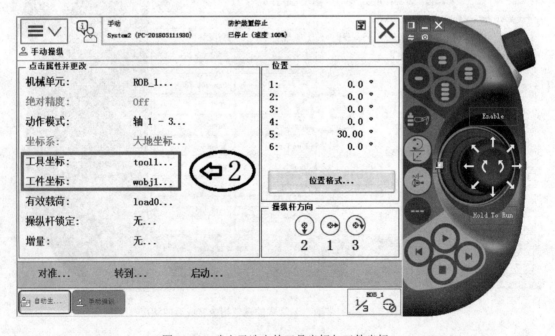

图 10-80　确定已选定的工具坐标与工件坐标

（3）返回程序编辑界面，选中"<SMT>"为添加指令的位置，如图 10-81 所示。

（4）打开"添加指令"菜单，如图 10-81 所示。

（5）选择"MoveAbsJ"指令，如图 10-81 所示。

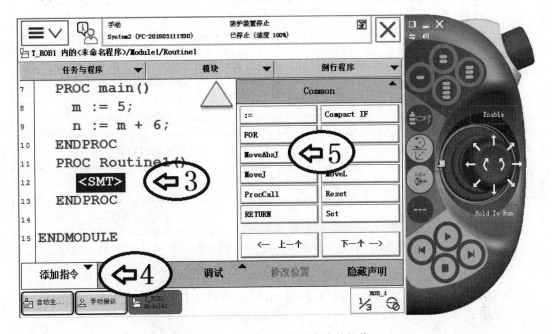

图 10-81　添加绝对位置指令的操作

（6）指令解析，如图 10-82 所示。

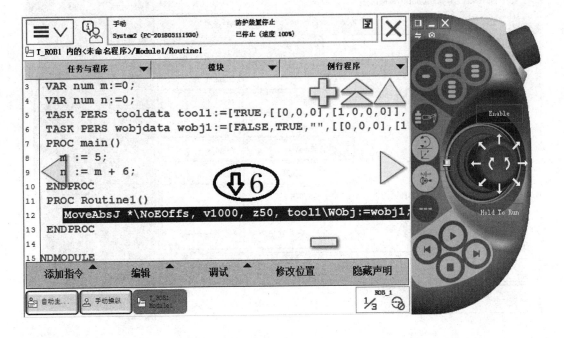

图 10-82　指令解析

　　绝对位置运动指令的作用是在机器人的运动中，通过六个轴和外轴的角度值来定义目标位置数据。该指令常用于使机器人六个轴回到机械原点的位置。

表 10-16　　添加绝对位置指令中参数含义

参　　数	含　　义
*	目标点位置数据
\NoEoffs	外轴不带偏移数据
v1000	运动速度数据，1000 mm/s
Z50	转弯区数据
tool1	工具坐标数据
wobj1	工件坐标数据

　　注：若以上六个参数需要修改，则双击需要修改的参数即可进入参数修改界面。

　　(7) 修改目标点位置数轴，将机器人当前位置设为目标点，其方法是在程序中双击"*"或双击"MoveAbsJ"指令后再选择"ToJointPos"，即可进入目标点位置数据修改界面，如图 10-83 所示。

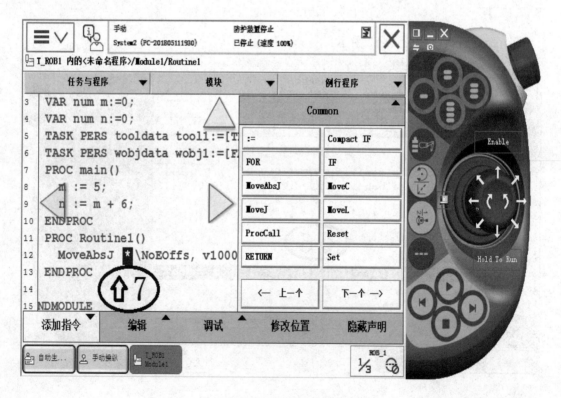

图 10-83　修改目标点位置数据

（8）点击"新建"，如图 10-84 所示。

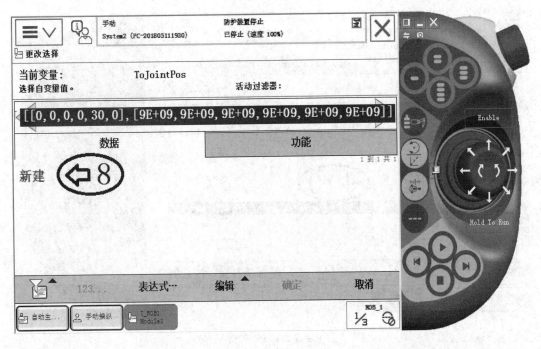

图 10-84　点击"新建"

（9）在弹出的位置数据设置界面中点击"确定"，如图 10-85 所示。

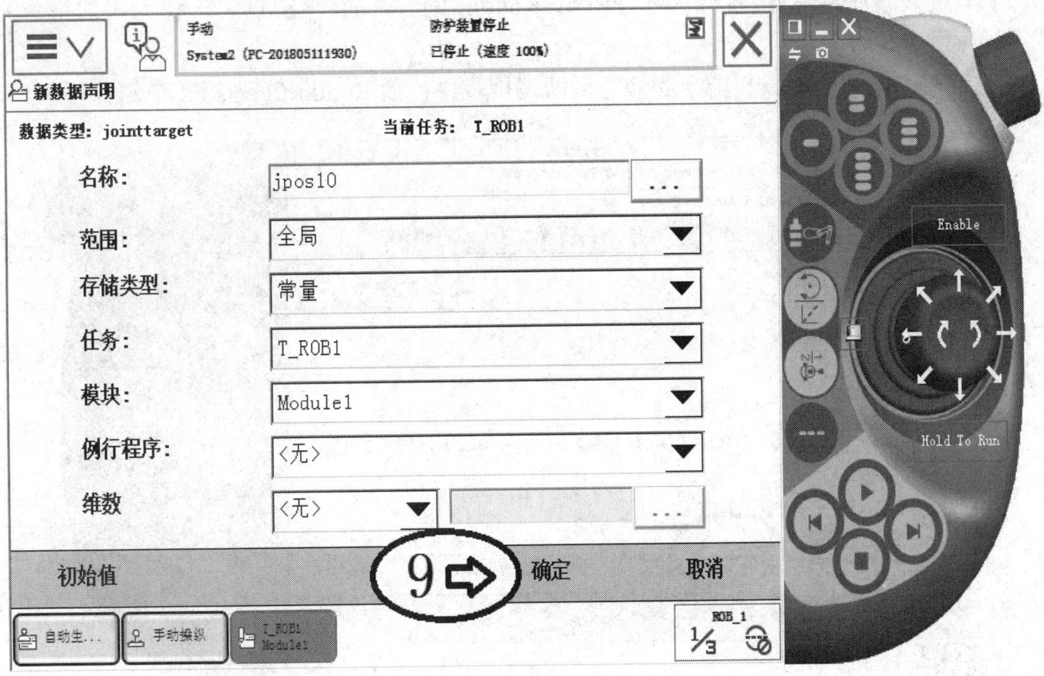

图 10-85　位置数据设置界面

(10) 添加后的效果如图 10-86 所示。

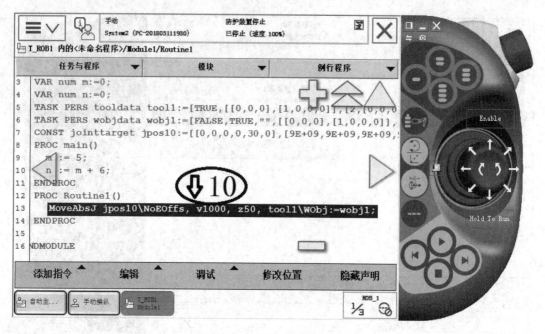

图 10-86　添加后的效果

4. I/O 控制指令

以数字信号置位指令 Set 为例，其过程如下：

(1) 进入程序编辑界面，选中"PROC Routine2()"下的"<SMT>"，作为添加指令的位置，如图 10-87 所示。

注：PROC 是 ProcCall 指令的缩写，即调用程序；而 Routine2()为第 2 个例行程序。

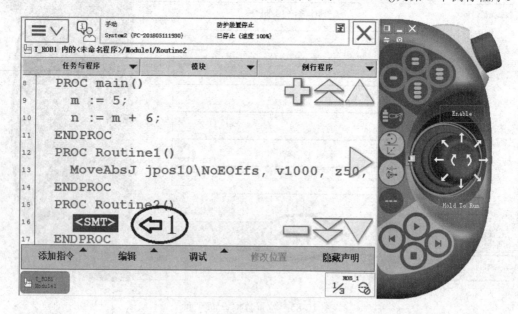

图 10-87　选择添加指令的位置

(2) 打开"添加指令"菜单，如图 10-88 所示。

(3) 选择"Set"指令，如图 10-88 所示。

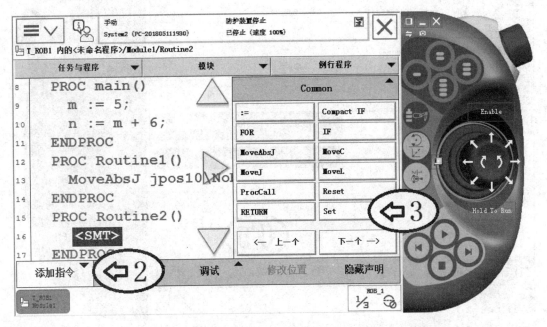

图 10-88　打开"添加指令"菜单并选择"Set"指令

(4) 选择数字信号置位指令的操作对象(即输出端子)，在这里我们选择"do1"，若选择其他端子，则可以选择"新建"，如图 10-89 所示。

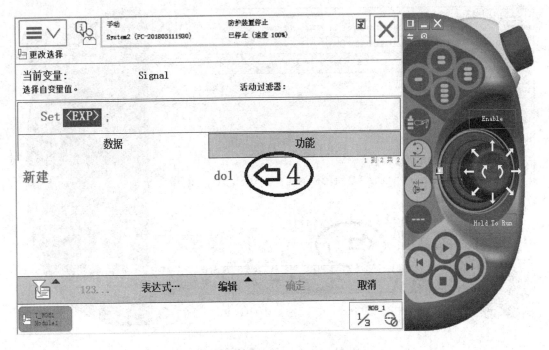

图 10-89　选择数字信号置位指令的操作对象

(5) 点击"确定",如图 10-90 所示。

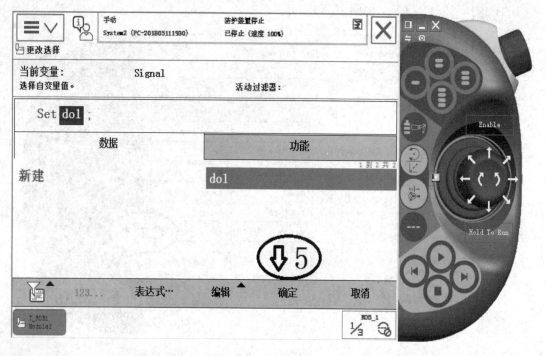

图 10-90　点击"确定"

(6) Set 指令添加后的效果如图 10-91 所示。

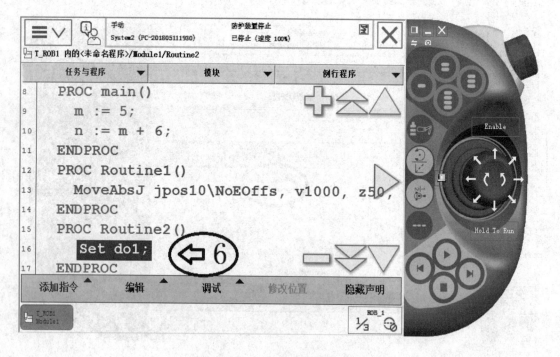

图 10-91　Set 指令添加后的效果

【考核与评价】

项目十　训练评分标准

一级指标	二级指标	分值	扣分点及扣分标准	扣分及原因	得分
训练过程(%)	1. 学习纪律	5	迟到早退一次扣1分；旷课一次扣2分；上课时间未按规定上交手机、讲小话、睡觉一次扣1分		
	2. 团队精神	5	不参加团队讨论一次扣1分；不接受团队任务安排一次扣2分；不配合其他成员完成团队任务一次扣2分		
	3. 操作规范	15	操作中，工具摆放不整齐或使用后不及时归位，一次扣3分；各种物料没按规定分类放置，一次扣3分；不遵守安全规范一次扣10分		
	4. 行为举止	5	随地乱吐、乱涂、乱扔垃圾等，一次扣2分；语言不文明一次扣1分		
训练结果(%)	1. 程序数据的创建与管理	15	独立完成程序数据的创建与管理操作，操作过程中每出现一次操作错误扣2分		
	2. 程序模块与例行程序的创建与管理	15	独立完成程序模块与例行程序的创建与管理操作，操作过程中每出现一次操作错误扣2分		
	3. I/O信号的配置与监控	20	独立完成I/O信号的配置与监控操作，操作过程中每出现一次操作错误扣2分		
	4. 基本指令的使用	20	独立完成基本指令的使用操作，操作过程中每出现一次操作错误扣2分		
总计		100分			

【项目小结】

本项目介绍了在工业机器人现场编程时，需要掌握的程序数据、I/O信号、基本指令、流程控制指令和功能函数等程序设计基础知识。

【作业布置】

1. 程序数据的存储类型有哪三种？
2. RAPID 程序有哪几种模块？各自的作用是什么？
3. 一个程序模块包含哪四个对象？
4. ABB 的标准 I/O 板提供哪些类型的信号？
5. 常用的 ABB 标准 I/O 板有哪些？
6. I/O 可编程按钮的作用是什么？
7. 基本指令有哪几种？
8. 程序流程控制指令有哪几种？
9. 功能函数有哪几种？